国家自然科学基金
国家留学基金　　　资助项目研究成果
内蒙古自然科学基金

裂尖应变场原位实验研究

李继军　编著

U0334077

机械工业出版社

本书在介绍固体缺陷及线弹性断裂力学理论、扫描电子显微镜原理及结构、几何相位分析方法等的基础上，将原位扫描电子显微镜实验与几何相位分析方法相结合，深入分析了 5A05 铝合金、多晶钼及单晶硅中微裂纹的萌生及扩展过程，研究了裂纹尖端的微米尺度及亚微米尺度应变场。

本书适合高等院校固体力学、断裂力学、材料力学及相关理工科专业的高年级本科生和研究生阅读，也可供上述学科的高等院校教师和科技工作者参考。

图书在版编目（CIP）数据

裂尖应变场原位实验研究/李继军编著 . —北京：机械工业出版社，2018.5

ISBN 978-7-111-59821-3

I. ①裂… Ⅱ. ①李… Ⅲ. ①固体 – 缺陷 – 实验研究 Ⅳ. ①O483 – 33

中国版本图书馆 CIP 数据核字（2018）第 075356 号

机械工业出版社（北京市百万庄大街22 号 邮政编码100037）

策划编辑：王华庆 责任编辑：王华庆

责任校对：王明欣 封面设计：张 静

责任印制：孙 炜

保定市中画美凯印刷有限公司印刷

2018 年 9 月第 1 版第 1 次印刷

140mm ×203mm · 4. 25 印张 · 4 插页 · 124 千字

0 001—1 900 册

标准书号：ISBN 978-7-111-59821-3

定价：25. 00 元

前　言

　　微裂纹是固体材料中一种非常重要的缺陷，它在材料的强度、失效以及其他结构敏感性问题研究中起着至关重要的作用。微裂纹的扩展最终会导致材料断裂，甚至会造成灾难性的后果。尽管许多研究者在材料微裂纹方面做了大量的研究工作，但由于实验设备和技术上的局限性，人们对裂纹的形核及扩展机制、裂纹尖端的动态变化情况还不明确，许多很有价值的理论还需要用实验结果进一步验证和支持。因此，断裂理论的发展急需对微裂纹的形核、扩展过程以及微裂纹尖端应变场进行高精度实验观测。

　　原位扫描电子显微镜实验可以实时动态地研究材料在加载时的响应，近年来成为一种非常有效且直观的断裂研究手段。几何相位分析方法是一种基于高分辨率分析仪器和数字图像处理技术的高精度纳米尺度实验力学测试技术。本书将原位扫描电子显微镜实验与几何相位分析方法相结合，深入分析了5A05铝合金、多晶钼及单晶硅中微裂纹的萌生及扩展过程，研究了微裂纹尖端的微米尺度及亚微米尺度应变场，并与线弹性理论解进行了比较。

　　本书的研究工作得到了国家自然科学基金（11562016，11672175，11762013）、国家留学基金（20145049）及内蒙古自然科学基金（2018MS01013，2013MS0107）经费资助，在此表示衷心的感谢。

　　在本书的编写过程中，得到了上海海事大学赵春旺教授、内蒙古工业大学邢永明教授、内蒙古工业大学赵燕茹教授、内蒙古工业大学郎风超副教授的悉心指导，在此向他们表示衷心的感谢；研究生张伟光、翟毅、李士杰、聂晓梦等参与了本书的校稿和检查等工作，在此对他们的辛勤劳动表示衷心的感谢。

由于编写水平有限，书中错误和不足之处在所难免，敬请读者批评指正。

李继军

目　录

第 1 章 ▶▶▶▶▷

绪　论

1.1　固体缺陷

材料是人类社会发展的基石，人类社会的每一个阶段均是以某一种代表性的材料为特征的。21 世纪科技发展的主要方向之一就是新材料的研制和应用。固体材料因具有许多独特的性能，在国民经济建设、国防建设、科学技术及日常生活中得到越来越广泛的应用，一直是人们的研究对象。固体材料是由大量的粒子（离子、原子或分子）组成的，一般固体材料的粒子含量为 $10^{22} \sim 10^{23}$ 个/cm^3。根据组成粒子在空间排列的有序度和对称性，固体材料可以分为晶体（Crystal）、非晶体（Noncrystal）和准晶体（Quasicrystal）三类[1]。

晶体的结构特点是，组成粒子在空间的排列具有周期性，表现为既有长程取向有序又有平移对称性，是一种高度长程有序的结构。

非晶体中，组成粒子的排列没有一定的规则，原则上属于无序结构；然而，近邻原子之间的相互作用，使得几个原子间距范围内在某些方面表现出一定的特征，因而可以看成具有一定的短程有序。

准晶体是一种介于晶体和非晶体之间的固体结构。在准晶体的原子排列中，其结构是长程有序的，这一点和晶体相似；但是，准晶体不具备平移对称性，这一点又和晶体不同。准晶体的发现是 20 世纪 80 年代晶体学研究中的一次重大突破。

鉴于晶体材料存在的普遍性和重要性，固体物理领域把晶体作为主要的研究对象。在理想的完整晶体中，原子按一定的次序严格地处在空间有规则的、周期性的格点上。但在实际的晶体中，由于晶体的形成条件、原子的热运动及其他条件的影响，原子的排列不可能那样完整和规则，往往存在偏离了理想晶体结构的区域。这些与完整周期性点阵结构偏离的区域就是晶体中的缺陷，它破坏了晶体的对称性。实际晶体都或多或少地存在缺陷。晶体缺陷的存在对晶体的性能会产生显著的影响[2]。例如，点缺陷会影响晶体的电学和光学性能，而位错等线缺陷会对材料的物理性能尤其是力学性能，产生极大的影响。因此，固体缺陷是固体力学、固体物理和材料科学等领域的重要基础研究内容之一。按缺陷在空间的几何构型可将缺陷分为点缺陷、线缺陷、面缺陷和体缺陷。这四类缺陷可分别用缺陷的延伸范围（零维、一维、二维及三维）来近似描述。

1.1.1　点缺陷

点缺陷是在结点上或邻近的微观区域内偏离晶体结构正常排列的一种缺陷。点缺陷是发生在晶体中一个或几个晶格常数范围内的缺陷，其特征是在三维方向上的尺寸都很小，也称为零维缺陷。点缺陷与温度密切相关，所以也称为热缺陷。点缺陷是最简单的晶体缺陷，其中包括空位、间隙原子、置换原子和色心。

（1）空位　空位就是没有原子的格点。晶体中的一个原子从正常格点上被移去，产生了没有原子的格点，就形成了空位（见图1-1）。如果离位原子逐步迁移到晶体的表面（或晶界面、孔洞、裂纹等的内表面），而使其原来的位置或其所经历的路径上的某个格点空着，这样的空位称为肖脱基（Schottky）缺陷（见图1-2）；如果离位原子从正常格点跳到晶体点阵的间隙位置，同时产生一个空位和一个间隙原子，这种形式的缺陷称为弗仑克尔（Frenkel）缺陷（见图1-3）。

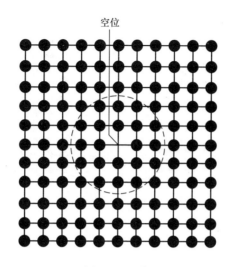

图 1-1　空位

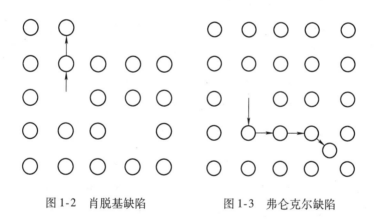

图 1-2　肖脱基缺陷　　　　图 1-3　弗仑克尔缺陷

（2）间隙原子和置换原子　晶体中都有间隙位置，晶体中的原子有可能从晶格格点转移到晶格间隙中，形成自间隙原子（见图 1-4a），同时产生一个空位。外来原子也有可能填入晶体中的间隙位置，占据间隙位置的外来原子称为杂质间隙原子（见图 1-4b）。

当外来原子的尺寸与晶体中的原子尺寸相当时，有可能取代晶体

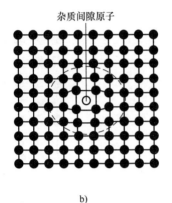

a) b)

图 1-4　间隙原子

a）自间隙原子　b）杂质间隙原子

中的原子而占据晶格的格点位置，形成置换原子。

当点阵中有间隙原子或大的置换原子时，邻近的原子将被推开一些，产生压应力场。当点阵中存在空位或小的置换原子时，周围原子就向点缺陷靠拢，将周围原子间的距离拉长，产生拉应力场。点缺陷扰乱了周围原子的规则排列次序，造成晶格的局部畸变（见图1-5）。

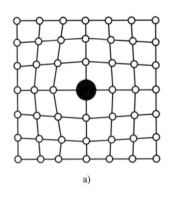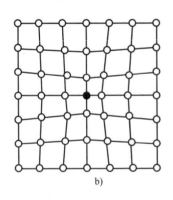

a) b)

图 1-5　置换原子引起的晶格畸变示意图

a）置换原子半径大　b）置换原子半径小

（3）色心　色心是指能吸收可见光的晶体缺陷。最简单的色心是 F 心，一个卤素负离子空位加上一个被束缚在其库伦场中的电子就构成了 F 心（见图 1-6）。

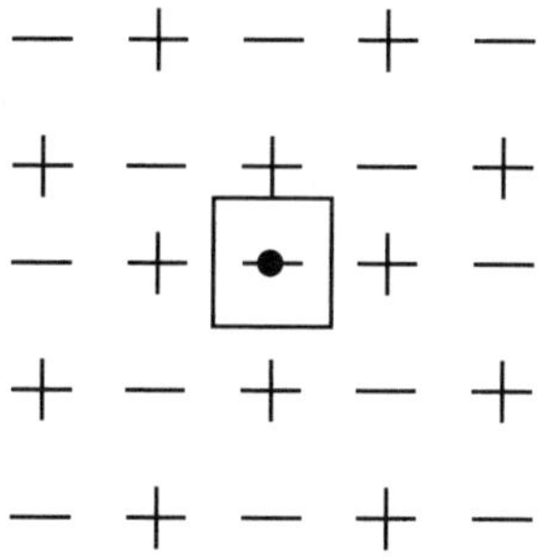

1.1.2　线缺陷

线缺陷是指晶体内沿某一直线，附近原子的排列偏离了完整晶格所形成的

图 1-6　F 心的负离子空位和被捕获的电子

线型缺陷区。其特征是两维尺度很小，而第三维尺度很长，也称为一维缺陷。晶体中最重要的一种线缺陷是位错，由晶体中原子平面的错动引起。位错在晶体塑性变形、断裂、强度等一系列结构敏感性问题中均起着重要的作用[3]。按照几何结构，位错可分为两种：刃型位错和螺型位错[4]。

（1）刃型位错　如果晶体内存在一个多余的半原子面，则在半原子面的中断处就形成了一个刃型位错（见图 1-7）。半原子面中断处的边缘线称为位错线，它也是晶体滑移区与未滑移区的交界线。

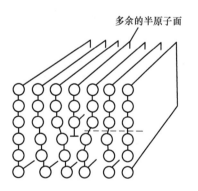

多余的半原子面

图 1-7　刃型位错

（2）螺型位错　如果晶体内原来的一族平行晶面看起来仿佛沿一条轴线盘旋上升，且每绕轴线盘旋一周，就会上升一个晶面间距，则该轴线附近的狭长畸变区即为螺型位错（见图 1-8）。

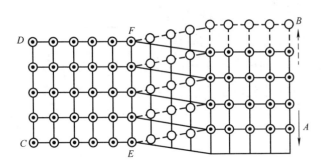

○ 上层晶面原子　● 下层晶面原子

图 1-8　螺型位错

1.1.3　面缺陷

面缺陷是指偏离周期性点阵结构的呈二维形态分布的缺陷。面缺陷的二维尺度很大，而第三维尺度很小，所以也称为二维缺陷。晶体中的面缺陷主要有表面、晶界、相界和堆垛层错等。

（1）表面　固体与液体（或气体）的分界面，即原子排列的终止面，另一侧没有固体原子键合，其配位数少于晶体内部配位数，导致表面和临近的几层原子偏离正常位置，造成点阵畸变，因此表面能量高于晶内能量。同时，表面原子较易沿垂直于表面的方向位移，也较易形成空位。

（2）晶界　实际使用的材料往往是多晶体，而不是按单一晶格排列的单晶体。多晶体由大量晶粒组成，晶粒的尺寸一般为 10^{-3} ~ 10^{-2} cm，但也有大至几毫米的。多晶体中各晶粒的成分、结构完全相同，但彼此之间的位向不同。晶粒与晶粒之间的界面称为晶界。晶界的宽度一般为 5 ~ 10 个原子间距。晶界上原子排列不规则，晶格畸变较大，能量较高。其原子排列一般采取相邻两晶粒的折中位置，使晶格由一个晶粒的取向，逐步过渡为相邻晶粒的取向。晶界一般包括小角度晶界、大角度晶界、亚晶界、共格晶界和孪晶界等。

（3）相界 结构和成分不同，位向也不同的相邻晶粒之间的界面称为相界。相界对相变过程和多相合金的性能有直接影响。按照界面上原子的排列情况，可把相界分成共格相界、半共格相界和非共格相界三种类型。共格相界界面是完全有序的，不存在错配区；半共格相界的错配区仅限于界面附近的位错行列；非共格相界则和大角晶界相似，界面上基本是无序的。共格相界界面的界面能最低，非共格相界界面的界面能最高。

（4）堆垛层错 在晶体中的某些地方，原子按层周期性重复堆垛的次序发生差错造成的面缺陷称为堆垛层错。按照堆垛顺序变化的不同，可把堆垛层错分为内层错、外层错和孪生。

1.1.4 体缺陷

体缺陷是指晶体内偏离周期性点阵结构呈三维形态分布的缺陷。该缺陷在三维尺度上都很大，所以也称为三维缺陷。晶体中的体缺陷主要有微裂纹、空洞、气泡、包裹体和第二相等。在体缺陷中最重要的是微裂纹，微裂纹的存在会大大降低材料的强度，使得实际断裂强度远远低于理论强度[5]。

在断裂力学中，根据外加应力与裂纹扩展方向之间的关系，将裂纹分成三种基本类型，即Ⅰ型、Ⅱ型、Ⅲ型（见图1-9），其他任何形式的裂纹都可看成是这三种基本类型的组合。

（1）Ⅰ型裂纹——张开型裂纹（见图1-9a） 外加正应力垂直于裂纹面，裂纹在外加应力的作用下张开并沿着与外加应力垂直的方向扩展，裂纹面的上、下两点有位移分量 v（v 为 y 方向上的位移分量）的间断。工程中属于这类裂纹的有板中的穿透裂纹（其方向与板所受拉应力方向垂直）以及压力容器中的纵向裂纹（见图1-10）等。

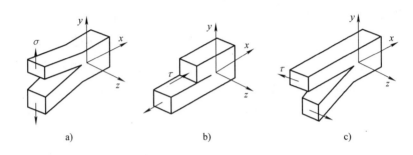

图 1-9　裂纹的三种基本类型

a）Ⅰ型裂纹（张开型）　b）Ⅱ型裂纹（滑开型）　c）Ⅲ型裂纹（撕开型）

（2）Ⅱ型裂纹——滑开型裂纹（见图 1-9b）　裂纹受到图 1-9b 所示剪应力的作用，以滑动的方式扩展，裂纹面的上、下两点有位移分量 u（u 为 x 方向上的位移分量）的间断。例如，齿轮或长键根部沿切线方向的裂纹引起的开裂，或受扭转作用的薄壁圆管上贯穿管壁的环向裂纹在扭转力的作用下引起的开裂（见图 1-11）等，均属于Ⅱ型裂纹。

图 1-10　Ⅰ型裂纹（张开型）　　　图 1-11　Ⅱ型裂纹（滑开型）

（3）Ⅲ型裂纹——撕开型裂纹（见图 1-9c）　裂纹受到图 1-9c 所示剪应力的作用，以撕开的方式扩展，裂纹面的上、下两点有位移分量 w（w 为 z 方向上的位移分量）的间断。

在这三种裂纹中，以Ⅰ型裂纹最为常见，也是最为危险的一种裂纹，所以在研究裂纹体的断裂问题时，对这种裂纹的研究最多。

1.2 微裂纹研究进展

断裂过程包括裂纹的形核和裂纹的扩展。对于材料的断裂机理分析来说，两者均是很重要的。就晶体材料而言，普遍接受的观点是，裂纹的形核是塑性变形局部受阻的结果。对这一观点的进一步解释，有位错塞积和位错反应两种机制。位错塞积机制由 Zener 于 1948 年首先提出并由 Mott 和 Stroh 发展完善[6]，所以该机制也称为 Zener - Mott - Stroh 机制。位错运动遇到障碍（晶界、第二相粒子以及不动位错等）时，如果其向前运动的力不能克服障碍的阻力，位错就会停在障碍面前，由同一个位错源放出的其他位错也会被阻在障碍前，这种现象称为位错塞积。紧挨障碍的那个位错称为领头位错或领先位错。塞积的位错数量越多，领头位错对障碍的作用力就越大，达到一定程度时，就会引起邻近晶粒的位错源开动，进而发生塑性变形或萌生裂纹。位错塞积机制说明了金属中塑性变形对裂纹形成的影响，这是其成功之处，但是在有些条件下该机制与实际情况有些差别。例如，对于裂纹的形成，该机制要求在滑移系前方向有阻碍位错滑移的障碍，而对于较纯净的单晶材料，其中不可能存在有效的障碍。与位错塞积机制不同，由 Cottrell 于 1958 年提出的位错反应理论不要求在晶体材料中有强有力的障碍，来维持位错的塞积，而是通过不同滑移面上的位错在一定的晶面发生反应而萌生微裂纹[7]。该机制成功地解释了体心立方晶体的解理断裂现象，并从能量的角度分析了解理裂纹扩展的条件。

裂纹通过位错塞积或位错反应形核，其尺寸较小（若由 100 个位错塞积而成，则尺寸约为 100×10^{-8} cm；若由 10000 个位错塞积而成，则尺寸约为 10000×10^{-8} cm），属于微裂纹。微裂纹继续扩展会逐步演化为宏观裂纹（尺寸为 0.1~10mm）。尺寸为 0.1~10mm 的宏观裂纹已经对材料与结构的完整性和安全性构成威胁[8]。宏观裂纹在某些条件下（例如低温、循环加载或介质腐蚀等）会进一步扩展，最终会导致材料破坏。裂纹扩展阻力与裂纹尖端局部塑性变形密切相关。裂纹是发生解理扩展还是因位错发射而止裂，与材料的性质和裂纹尖端应变场有关。1966年，Armstrong提出，可以通过比较Griffith机制下解理扩展所需的极限应力与裂纹尖端剪切分离出位错所需的应力来判断裂纹是发生解理扩展还是剪切滑移[9]。Kelly等提出，脆性断裂发生与否主要取决于裂纹尖端最大拉应力与最大剪应力的比值，如果该比值大于无缺陷晶体的理想解理应力与理想剪应力的比值，就发生脆性断裂；否则，在晶体内部总存在塑性流动[10]。之后，在此基础上，Kelly等又提出了两种有价值的准静态模型：Rice-Thomson位错模型和Peierls位错模型。Rice和Thomson运用全位错的弹性解和位错芯半径，根据裂纹尖端位错的自发发射提出了静态韧脆断裂判据[11]。Rice等认为，如果裂纹发射位错比解理扩展更容易，则通过发射位错，裂尖将钝化从而韧断；反之，裂纹首先解理扩展，从而发生脆断。Rice和Thomson等用该位错模型计算了常见材料的韧脆属性，发现理论预测与实际测量结果定性符合。然而，Rice-Thomson位错模型也具有如下局限性：①在实际的晶体点阵结构中，位错也许并不是以整个伯格斯矢量的形式集中于一处，而是散布在晶体点阵结构中位错滑移面的某一段处；②位错芯尺寸难以确定，而且Rice-Thomson位错模型的韧脆断裂判据对位错芯尺寸又非常敏感。鉴于Rice-Thomson位错模型的这些局限性，Rice又提出了裂纹尖端的Peierls位错理论框架[12]，在材料韧脆判定上取得了新的进展。该位错理论框架用Peierls位错概念代替了Volterra位错概念，指出制约裂纹尖端位错发射的主要物理量是材料的失稳堆垛能。裂纹尖端位错形核的Peierls位错理论框架不仅较准确地阐述了自裂纹尖端的位错发射过程,而且还提出了一个描述延性断裂的物理量——失稳堆垛能。该物理量与脆性材料的 Griffith 能量释放率相对应。但该理论的实验验证还非常缺乏,尤其是对裂纹形核与裂纹尖端位错发射现象还没有直接的实验观察报道。1986 年,李尧臣和王自强建立了裂纹尖端弹塑性高阶渐近场的基本方程,得到了平面应变的二阶场,证明了二阶场是本征场,它的幅值系数表征裂纹尖端的三轴张力状态,并从理论上解释了三轴张力对断裂韧度的重要影响,这为弹塑性断裂双参数断裂准则提供了理论基础[13]。Sharma 和 Aravas[14],O'Dowd 和 Shih[15] 证实了李尧臣和王自强理论分析的正确性。O'Dowd、Fong 和 Dodds 进一步提出了 J - Q 双参数断裂准则[16]。Wei(魏悦广)和 Wang(王自强)在裂纹顶端高阶场的基础上,提出 J - K 断裂准则[17]。J - Q 双参数断裂准则和 J - K 断裂准则与 Kirk 等的实验符合得相当好[18]。Yang(杨卫)等采用位错堆积模型论证了受约束金属薄层的断裂韧度随层厚增加而下降,提出了由裂纹无位错区前位错反塞积所驱动的准解理断裂理论。该理论解释了裂纹钝化后再出现脆性解理断裂的有趣现象,定量说明了裂纹尖端前方的纳米裂纹形核并随之与主裂纹会合的机制[19]。

许多研究者对不同材料的微裂纹力学行为进行了实验研究。Hauch 等测量了单晶硅中裂纹的扩展速率,提出裂纹扩展速率是裂纹尖端能量流的函数[20]。Cramer 等对单晶硅裂纹的路径不稳定及能量损耗问题进行了研究[21]。高克玮等设计了一个在原子力显微镜上使用的加载台,对 TiAl 单晶裂尖前方的原子结构特征进行了研究[22]。李晓冬等采用原子力显微镜对云母表面裂纹尖端的纳米尺度结构和裂纹尖端原子的排列情况进行了研究[23]。Kinaev 等在 40μm 范围内观察到了裂纹尖端前方存在较大尺度的塑性区域,并观察到裂纹尖端的分支现象[24 - 26]。Higashida 等使用高压电子显微镜观察到了单晶硅中裂纹尖端前方存在一系列位错，位错沿 ｛111｝ 面发射[27]。Supri-jadi 等通过 Vickers 压头在单晶硅中诱发了裂纹，在电子显微镜下观察到了裂纹附近有非晶相形成[28]。Bailey 等对单晶硅中切口裂纹断裂进行了研究[29]。Gan 等利用原子力显微镜研究了潮湿空气中云母解理面内裂纹的延迟扩展并观察了裂纹尖端原子图像[30]。Zhao 等利用高分辨透射电子显微镜对单晶硅中微裂纹进行了纳米尺度的实验研究，发现了近裂纹尖端区域晶格的排列规则[31]。

在材料的断裂过程中，裂纹尖端附近的应变场是非常重要的。Hahn 把金属材料裂纹尖端前方的区域分成四部分：紧靠裂纹尖端的区域是非线性弹性区，其他三个区域由内向外依次为高塑性区、塑性区和线弹性区[32]。各种不同的方法已经被应用于裂纹尖端应变场的测定，如光弹性法[33-37]、网格法[38-40]、云纹法[41-43]、云纹干涉法[44-51]、全息干涉法[52,53]、激光散斑干涉法[54-60]、数字图像相关法[61-68]、X 射线衍射法[69,70]、中子衍射法[71]、电子束云纹法[72-74]、纳米云纹法[75-78]、几何相位分析法[79,80]、数值云纹法[81]等。

一些研究者采用分子动力学方法[82-92]、有限元方法[93-98]、解析方法[99-101]等研究了裂纹尖端的力学行为。Swadener 等采用分子动力学方法模拟了单晶硅的脆断行为，发现动态断裂韧度大约是静态应变释放率的 1/3[102]。Buehler 等采用大规模分子动力学方法模拟展示了材料的动态脆断由超弹性控制，这与现有的线弹性理论预测的动态断裂行为不同[103,104]。Guo 等采用分子动力学模拟方法研究了体心立方铁的低温形变机制，发现当应力集中足够大时，在裂纹尖端发生相转变和再结晶现象[105]。Wu 等采用分子动力学模拟方法研究了不同温度下单晶镍中扩展裂纹的应力分布和微结构演化，结果表明，裂纹扩展过程和应力分布特征与温度变化密切相关[106]。Hunnell 等采用有限元方法模拟了裂纹尖端钝化引起的疲劳裂纹扩展，发现疲劳裂纹的扩展随应力循环周数的增加而变慢[107]。虽然这些模拟及解析方法给出了一些新的研究结果，但模拟及解析毕竟与真实实验有所不同，模拟及解析结果还需要与实验结果进行比较研究。

原位扫描电子显微镜（Scanning Electron Microscope，SEM）实验可以实时动态地研究材料在加载时的响应，近年来成为一种非常有效且直观的断裂研究手段，可用于观察损伤与断裂过程中表面裂纹的萌生、扩展及断裂过程或疲劳的累计损伤等[108-119]。Wang 等采用原位扫描电子显微镜实验观察了镁铝合金中疲劳裂纹的萌生与扩展行为[120]；Cha 等采用原位扫描电子显微镜实验研究了 A390 铝合金（美国牌号，为高硅过共晶铝合金）气缸衬垫的断裂行为[121]；Zhang 等采用原位扫描电子显微镜实验研究了超细晶粒铝合金 IN 9052（美国利用粉末冶金工艺制成的高强度铝合金）中小疲劳裂纹的裂尖张开位移[122]。虽然这些研究工作给出了一些关于裂纹形核和扩展的有用信息，但都没有涉及裂纹尖端的应变场。Sun 等采用原位长工作距离显微镜和数字图像相关方法测量了锡铜焊接合金中裂纹尖端附近的平面位移场，但在实验过程中并没有涉及裂纹的扩展[123]。Jin 等使用扫描电子显微镜进行了多晶铝的原位三点弯曲实验，采用网格法和数字图像相关方法测定了裂纹尖端位移场，但也没有涉及裂纹的形核及扩展[124]。Carroll 等采用原位扫描电子显微镜和数字图像相关方法研究了镍基高温合金中扩展裂纹附近的累积应变[125]，但是所测量的应变是在样品卸载之后的结果，并不是当前载荷下的应变。为了更好地理解材料的断裂机制，对裂纹的扩展及裂纹尖端附近应变场的演化进行同时研究是十分重要的。

综上所述，尽管许多研究者对固体材料裂纹尖端做了大量的研究工作，一些理论、模拟及实验研究也给出了许多裂纹的相关信息，但由于实验设备和技术上的局限，人们对裂纹的形核及扩展机制、裂纹尖端的演化情况还不明确，许多很有价值的理论工作还需要实验结果的验证与支持。因此，断裂理论的发展急需对微裂纹的形核、扩展过程及裂纹尖端应变场进行高精度实验观测。

1.3 实验力学测试技术的发展

实验力学测试技术是研究材料力学行为的重要手段。经典的实验力学测试技术包括应变电测方法和各种光测方法，如光弹性法、贴片光弹法、全息光弹法、全息干涉法、云纹法、云纹干涉法、散斑干涉法等。随着近年来计算机和图像处理技术的迅速发展，出现了电子散斑法和数字散斑相关法，数据的自动化采集和处理提高了实验效率和精度。

云纹法是一种常用的实验力学测试技术。1948 年，Weller 等首次提出几何云纹法[126]，该方法适用范围较广，可在各种不同工作条件下对各种对象进行测试，如不同的温度、不同的测量时限、不同性质的变形、不同量程的变形等。尤其在高温、塑性、大变形、复合材料、弹性模量特别低的材料以及需要进行长时限测试等方面，几何云纹法更能显示出其优势。几何云纹法由于工作稳定性好，实验设备简单，因而在一定时期内得到了广泛应用。但是，由于光栅衍射的影响，几何云纹法所采用的光栅频率一般在 50 线/mm 以下，相应的灵敏度在 0.02mm 以下。随着科学技术的发展，几何云纹法的测量灵敏度已不能满足微细观测试的要求，要在微细观研究领域发展和运用云纹法，必须解决如何提高光栅频率的问题。20 世纪 80 年代初，由 Post 等发展起来的高灵敏度云纹干涉法[127,128]具有灵敏度高、条纹反差好、条纹分辨率高、量程大、条纹位置与试件重合、可以实时观测等一系列显著优点，在现代光测力学领域占据着重要地位。在其被提出后的短短十几年里，高灵敏度云纹干涉法无论在理论与技术研究上，还是在工程实际应用上，都得到了迅速发展。在断裂力学、损伤力学、新材料研究、高低温测量、微电子封装、微机械研究等领域的实验研究中，云纹干涉法都起到了重要的作用[129-135]。同几何云纹法所用的低频光栅相比，云纹干涉法所用的光栅频率一般为600 线/mm 或 2400 线/mm，因而灵敏度可以高达 $0.42\mu m$。然而，云纹干涉法由于受到光波波长的限制，所用光栅频率只能在 300~4000 线/mm 之间。尽管运用条纹倍增或相移技术的云纹干涉法的测量灵敏度可以在原有基础上继续提高，但是云纹干涉法的倍增或相移技术对实验条件的要求较高且难度较大，限制了它们的使用。

网格法是一种古老而重要的实验力学测试技术[136-145]。在早期对材料变形的研究中，人们经常运用网格法来观察不同几何形状的各种材料在不同受力条件下的全场变形特征。网格法最主要的缺点是测量精度低、变形数据的提取和分析计算过于烦琐，从而阻碍了网格法的进一步发展。20 世纪 80 年代初，实验力学研究者开始逐步利用计算机图像处理技术来分析处理各种光测力学图像。在这种背景下，关于网格法的研究渐趋活跃，其进展主要体现在变形数据提取技术的改善，如采用直接跟踪法、谱方法、傅里叶变换等。人们已利用网格法测量裂纹尖端应变场，研究黏弹性非均匀材料的力学性能等。目前，网格法正在向纳观尺度深入，谢惠民等[146]于 1997 年将扫描隧道显微镜作为测试工具，并将物质结构作为网格进行了纳米应变场的测量，并应用该方法对石墨原子结构进行强激光辐照后的损伤变形和单晶硅进行原子操作后的损伤区域残余变形进行了测量研究。

数字图像相关（Digital Image Correlation，DIC）方法是在 20 世纪 80 年代初由日本的 Yamaguchi[147]和美国南卡罗来纳大学的 Peter 和 Ranson[148]同时提出的一种新型光测方法。数字图像相关方法又称为数字散斑相关（Digital Speckle Correlation，DSC）方法或数字图像散斑相关（Digital Image Speckle Correlation，DISC）方法。数字图像相关方法的基本原理是，通过图像匹配的方法分析试件表面变形前后的散斑图像来跟踪试件表面上几何点的运动，得到位移场，在此基础上计算得到应变场。与传统的光测方法相比，数字图像相关方法具有以下优点：光路简单，不需要特殊的光学仪器，可以使用白光做光源；对测试环境要求低，受外界影响小，便于实现工程现场应用；测量范围和灵敏度可以自由变化，适用于从微观到宏观、从大变形到微变形的测量；具有非接触性、无损测试的特点；数据处理自动化程度高等。基于上述优点，目前数字图像相关方法已经成为实验力学领域中一种重要的测量方法，在力学研究的许多方面得到了广泛的应用[149-153]。1989 年，Agrawal 将数字图像相关方法应用于木材的力学性质研究[154]。1997 年，Zink 等用数字图像相关方法研究了复合材料的力学性质[155]。1998 年，Chao 等利用这种方法结合高速图像采集设备测试了冲击载荷下裂纹扩展情况[156]。同年，Luo 等用三维数字图像相关方法测量了圆柱体的形貌和拉伸载荷下的三维变形[157]。2001 年，Chevalier 等[158]利用数字图像相关方法对橡胶材料的单轴和双轴拉伸力学行为进行了研究，建立了一种超弹性模型，模拟了橡胶材料的力学行为，得到一个近似的应力－应变关系。2004年，Yamaguchi 等将数字图像相关方法应用于物体表面粗糙度的测量中[159]。

当前，实验力学测试技术的主要发展趋势有两个显著特点。第一个特点是实验力学测试技术与其他学科的交叉与融合。物理、化学、微电子、材料及生物学等学科领域的最新成果不断地为实验力学测试技术发展提供新思路、新途径。同样，实验力学测试技术也为其他学科的发展提供了一块肥沃的土壤。第二个特点是各种实验力学测试技术之间的互相渗透和结合。全息干涉法和光弹性法结合产生了全息光弹性法；将云纹的概念运用于全息干涉法产生了全息云纹干涉法；散光法和散斑干涉法结合产生了散光散斑干涉法。这种结合和渗透的目的在于发挥不同方法的优点和长处，弥补各自的缺点和不足。

近十几年来，微纳米材料科学的不断发展促使实验力学测试技术不断从微细观向纳观方向发展。随着信息、计算机、微电子、光学和先进制造技术等的迅速发展，一些基于高速数据采集技术、高分辨率现代分析仪器和计算机图像处理技术的高精度纳米尺度实验力学测试技术已经被提出来，如纳米云纹法[75]、电子束云纹法[160]、极值点定位法[161]、几何相位分析法[162]、数值云纹法[163]等。

1991 年，Kishimoto、Dally 和 Read 提出并实现了电子束云纹法[164,165]，用扫描电子显微镜刻蚀 10000 线/mm 的光栅，在微米尺度内获得了灵敏度为 0.1μm 的云纹条纹图，并将其成功应用于纤维增强复合材料的断裂研究[166]。电子束云纹法通常用电子束在感光乳胶上进行一次扫描，经刻蚀处理制成光栅，但电子束扫描路径不是严格的直线，会造成栅线不均匀，栅线间距误差较大。Xing（邢永明）等[167]提出一种多次扫描制栅法，以大幅度降低上述误差。多次扫描法即对栅线进行多次重复扫描，每一栅线都是若干次扫描的综合结果，单次扫描的误差会被平均效应大幅度降低。这一方法已经被应用到树脂基材料上制作超细正交光栅，单向光栅的最高频率可达 10000 线/mm，正交栅的最高频率可达 5000 线/mm。但是电子束云纹图像的后处理比较烦琐，不便于全场变形的定量分析。尽管电子束云纹法还存在一些缺点，但它成功地将扫描电子显微镜的电子束应用于传统云纹法，为实验力学测试技术的发展提供了一条新的途径。

1993 年，Bierwolf 等提出一种极值点定位方法[161]。该方法工作在实空间，基本思路是通过高分辨率透射电子显微镜（High Resolution Transmission Electron Microscopy，HRTEM） 图像中的未变形区域建立一个二维参考网格，再将二维参考网格叠加在 HRTEM 图像上，从而确定 HRTEM 图像的局部离散位移场，然后对位移场求导就可得到应变场。1996 年，Rosenauer 等对该方法进行了进一步发展并将其应用到 $Cd_xZn_{1-x}Se/ZnSe$ 量子阱结构[168]。2007 年，Galindo 等对极值点定位方法进行了改进，提出了极值对分析（Peak Pairs Analysis，PPA） 方法[169]，并利用该方法测定了 CdTe/GaAs 界面失配位错的应变场。目前，HREM Research 公司已开发出极值对分析方法的专门商业软件 PPA v1.0，已被应用到 In（Ga）As/AlGaAs 自组装半导体量子点[170]、纤锌矿 InAs/InP 纳米线异质结构[171]、InAs/GaAs 界面[172]等结构的应变分析中。

1998 年，Hÿtch 等提出了几何相位分析（Geometric Phase Analysis，GPA） 方法[173]。该方法工作在傅里叶空间，其基本思路是先将高分辨率电子显微镜图像做傅里叶变换，然后在傅里叶空间选择一个强的衍射峰，再做反傅里叶变换，计算出来的反傅里叶变换图像是一个复数图像，这个复数图像的相位成分与局域原子面位移有着定量关系。将该方法应用于两个不在一条直线上的强衍射峰就可以计算二维位移场，局域应变张量成分 ε_{xx}、ε_{yy}、ε_{xy} 可以通过对位移场做微分得到，同时还能计算出刚体转动张量成分 ω_{xy}。该方法经过了多次讨论和完善[174-176]，其位移分辨率可以达到 0.003nm[162]，并已经开发出专门的商业软件 GPA Phase v3.0。几何相位分析方法也被大量应用到多层结构及缺陷的应变分析中，如半导体异质结构[177-181]、纳米颗粒[182]、Al/Si 纳米团簇[183]、位错[184]、裂纹尖端[79,80]等。由几何相位分析方法还衍生出了数值云纹方法，用于放大显示晶格结构。它相当于放大镜，放大倍数在计算数值云纹时指定，可以从 1 倍到若干倍。数值云纹的衬度非常好，便于观察和分析，常用来放大显示微小缺陷形貌[163]，也可用于定量测量[81,185]。

1999 年，Dai 等提出纳米云纹法[75]，其分辨率可达到 0.1nm。2000 年，Xie 等提出了电子束、离子束云纹法和高分辨率电子显微镜扫描云纹法[186]。2004 年，Xie 等还提出了数字纳米云纹法[187-189]，该方法的测量灵敏度达到次纳米的水平。Liu 在 2006 年对该方法进行了进一步发展[190]。2005 年，Xie 等利用具有周期晶格结构的人造纳米晶体作为人工纳米光栅，研究了 Al/Si（111）7×7 人造纳米团簇的残余应变[183]。

综上所述，实验力学测试技术正在不断地从微细观向纳观方向发展，并已取得了很大的进展，其应用领域也在不断拓宽，许多以前由于测试手段的缺乏和局限性而未能解决的问题也将会逐步得到解决，一些有价值的理论结果将会得到实验结果的进一步验证和支持。

1.4　本书内容安排

本书将原位扫描电子显微镜实验与几何相位分析方法相结合，深入分析 5A05 铝合金、多晶钼及单晶硅中微裂纹的萌生及扩展过程，研究动态裂纹尖端的微米尺度及亚微米尺度应变场，并与线弹性理论解进行了比较。主要内容包括：

第 1 章绪论部分介绍了固体缺陷的基本类型、裂纹方面的研究进展和实验力学测试技术的发展状况。

第 2 章介绍了断裂力学的产生、发展及断裂的分类；阐述了 Griffith 裂纹理论、应力强度因子、断裂韧度及裂纹失稳扩展判据等线弹性断裂力学的基本概念和理论。

第 3 章介绍了扫描电子显微镜的发展简史、性能特点、工作原理、结构以及图像衬度的形成原理等内容。

第 4 章介绍了几何相位分析方法的基本原理，给出了使用几何相位分析软件进行定量分析的具体步骤，并采用几何相位分析方法测定了 Ge/Si 异质结构界面区域的全场应变，分析了掩模大小对几何相位分析测定结果的影响。

第5章将原位扫描电子显微镜三点弯曲实验与几何相位分析方法相结合，分析了 5A05 铝合金中微裂纹的萌生、扩展过程及动态裂纹尖端的微米尺度应变场。首先，以透射电子显微镜（Transmission Electron Microscope，TEM）试样用的 2000 目（孔径约为 6.5μm）方孔铜载网为模板，采用离子溅射沉积技术在 5A05 铝合金表面成功制作了微米尺度的周期性栅格；然后，对 5A05 铝合金试样进行了原位扫描电子显微镜三点弯曲实验，并详细分析了 5A05 铝合金中微裂纹的萌生及扩展过程；接着采用几何相位分析方法测定了不同载荷下裂纹尖端附近的应变场；最后，将几何相位分析方法测定的应变场结果与数字图像相关方法测定的结果进行了比较，用以检验几何相位分析方法定量分析扫描电子显微镜图像的可行性。

第6章将原位扫描电子显微镜单轴拉伸实验与几何相位分析方法相结合，分析了多晶钼中微裂纹的萌生、扩展过程及动态裂纹尖端的微米尺度应变场。首先，基于线弹性断裂力学理论，推导了 I 型裂纹在平面应力条件及平面应变条件下的应变场公式；然后，以透射电子显微镜试样用的 2000 目方孔铜载网为模板，采用离子溅射沉积技术在多晶钼表面成功制作了微米尺度的周期性栅格；接着，对多晶钼试样进行了原位扫描电子显微镜单轴拉伸实验，并详细分析了多晶钼中微裂纹的萌生及扩展过程；最后，采用几何相位分析方法计算了不同载荷下裂纹尖端附近的微米尺度应变场，并与线弹性理论解进行了比较。

第7章将原位扫描电子显微镜单轴拉伸实验与几何相位分析方法相结合，分析了单晶硅中动态裂纹尖端的亚微米尺度应变场。首先，采用电子束光刻技术及感应耦合等离子体刻蚀技术在单晶硅片表面上制作了亚微米尺度的周期性硅柱阵列；然后，对单晶硅片进行了原位扫描电子显微镜单轴拉伸实验；最后，用几何相位分析方法测定了不同位移载荷下裂纹尖端附近的亚微米尺度应变场，并与线弹性理论解进行了比较。

第8章对研究工作进行了总结，并指出了研究工作中存在的问题、不足之处及下一步研究工作的方向。

第 2 章 ▶ ▶ ▶ ▶ ▶

线弹性断裂力学理论

2.1 断裂力学概述

断裂是材料或构件最危险的失效形式，在很多情况下可能造成灾难性的后果。因此，研究材料或构件断裂的机理及规律，控制和减少断裂事故的发生，一直是工程技术人员和材料科学工作者的重要研究课题之一。

有关断裂问题，有确切记载的是由 15 世纪杰出的工程师和艺术家达·芬奇在实验中发现，即在直径一定的情况下，铁丝的断裂载荷与其长度成反比，但当时没能做出合理的解释。当然，目前这个现象很容易理解。由于当时生产铁丝的工艺水平较低，铁丝越长，其内部存在缺陷（例如微裂纹）的可能性越大，因而其强度也越低。1921 年和 1924 年，英国的 Griffith 对脆性材料的断裂理论做出了开创性工作[191,192]。他在尝试解释玻璃的实际强度远低于理论强度的原因时指出，玻璃内部存在的细小裂纹导致玻璃在低应力下发生脆断。他从能量平衡的观点出发，提出了裂纹失稳扩展条件：当裂纹扩展释放的弹性应变能等于新裂纹形成的表面能时，裂纹就会失稳扩展。Griffith 理论的成功在于把宏观缺陷在几何上理想化之后，把它作为连续介质力学中的一种边界条件，而连续介质力学方法在分析含缺陷的材料强度和韧性问题上仍然有效，所以 Griffith 是连续介质力学断裂理论的奠基人。尽管 Griffith 理论对脆性材料较合适，应用于金属材料时误差较大，但是其在断裂力学的发展史上是很重要的一步。然而，Griffith 理论在发表后的 20 多年里一直未被人们重视。首先，在那个时期，表现为纯脆性断裂的工程材料并不多；其次，对广泛使用的大多数金属材料，Griffith 理论不能得出令人满意的预测。因此，对断裂问题的研究，在那段时间里也只是出于科学上的兴趣而未能应用于工程设计。

20 世纪 40 年代以后，随着现代生产和科学技术的发展，新材料、新产品和新工艺不断出现，许多按常规设计思想设计出来的符合常规标准的设备构件发生断裂事故的报道不断出现。例如，在第二次世界大战期间，美国近 500 艘全焊船中发生了 1000 多起脆性破坏，其中 238 艘完全报废，有的甚至断成两截。另一个典型事例为 20 世纪 50 年代美国北极星导弹固体燃料发动机壳体在实验时发生爆炸，其使用的材料为屈服强度等于 1372MPa 的 D6AC 钢（相当于我国的 45CrNiMoVA 钢），而爆炸时其实验应力仅为其许用应力的一半。其余还有桥梁的断裂、飞机失事、锅炉爆炸等，相当多的事故均发生于载荷低于材料屈服强度的情况下。为了分析这些事故的原因，断裂研究重新引起人们的极大兴趣[193,194]。为了将 Griffith 理论转化为一门工程科学，1948 年 Irwin[195] 和 Orowan[196] 各自独立地将 Griffith 理论加以补充，以使其适用于金属材料。1957 年，Irwin[197] 进一步提出了应力强度因子的概念，巧妙地将能量释放率与一个更便于计算的裂纹尖端的参量——应力强度因子联系起来，随后又在此基础上形成了断裂韧度的概念，并建立起测量材料断裂韧度的实验技术，从而奠定了线弹性断裂力学的基础。目前，线弹性断裂力学已经发展得比较成熟，并在生产中得到了普遍应用[198]。

线弹性断裂力学着重研究裂纹尖端附近具有小范围塑性变形的情况。然而，随着生产技术的发展，许多工程结构由于材料的韧性足够大，在载荷增大时，伴随着裂纹扩展的塑性区已经达到裂纹尺寸、试件尺寸的同一数量级。显然，小范围塑性变形条件已不能满足要求，线弹性断裂力学理论已不再适用，必须发展弹塑性断裂力学理论[199]。由于用弹塑性断裂力学理论处理断裂问题比较困难，所以这部分内容的发展远不如线弹性断裂力学理论完善，目前对这类问题的处理方法一般是将线弹性断裂力学的概念加以延伸，在实验的基础上提出新的断裂韧度参量。这些参量可分为两类：一类是将能量释放率 G 的概念加以延伸，得到 J 积分的概念，从而得到 J 判据[200-202]；另一类是从裂纹周围的应力及应变分析出发，以裂纹张开位移（Crack Opening Displacement，COD）作为判据[203,204]。近年来，弹塑性断裂力学中裂纹尖端场和扩展问题受到一些学者的重视[205]。目前，弹塑性断裂力学方面的研究还不是很成熟，依然是断裂力学研究中的一个重要课题。

对动态断裂的定量分析是由 Mott[206] 在 1948 年做出的，1951 年 Yoffe[207] 提出了断裂动力学的解。此后，研究者围绕动态裂纹的扩展、动态裂纹的止裂、动态能量释放率、动态断裂韧度等课题进行了大量的理论分析和实验工作。迄今为止，断裂动力学仍是一门很不成熟的学科，例如它不能处理加载速率很高的动态断裂现象，也不能处理裂纹传播速度较大的扩展裂纹。

在断裂力学发展的初期和以后相当长的一段时间内，研究重点都是针对金属材料的。由于大量非金属材料逐渐引入工程结构，人们也试图将断裂力学理论扩展到非金属材料、复合材料结构的分析中去。近年来，对纤维增强复合材料、高分子聚合物、陶瓷材料以及岩石等的断裂力学研究，日益引起研究者们的兴趣，并取得了很多成果。近年来，将概率和统计学与断裂力学结合形成了概率断裂力学分支，应用这种理论和方法进行耐久性和可靠性设计[208]，成为机械产品安全性和可靠性的重要保障之一。目前，细观力学和纳观断裂力学呈蓬勃发展趋势[209]。但是，断裂力学还是一门年轻的学科，它还很不成熟，还有大量有待深入研究和探讨的问题。

2.2　断裂的分类

一个物体在力的作用下分成两个独立的部分，这一过程称为断裂，或称为完全断裂。如果一个物体在力的作用下内部局部区域的材料发生了分离，即其连续性发生了破坏，则称物体中产生了裂纹。在很多情况下，把物体中尺寸足够大的裂纹也称为断裂，只不过它是一种不完全断裂。

根据讨论问题出发点的不同，断裂有不同的分类方法。

（1）根据断裂前材料发生塑性变形的程度分类　根据断裂前材料发生塑性变形的程度，可将断裂分为脆性断裂与延性断裂。若材料在断裂前不发生明显的塑性变形，则这种断裂称为脆性断裂，如陶瓷、玻璃、某种特定应力条件下的钢及某些超高强度钢等的断裂；若断裂前发生明显的塑性变形，则这类断裂称为延性断裂，如许多有色金属、钢等的断裂。

对于金属而言，绝对的脆性是很少的，即金属在断裂前总会或多或少地发生一定量的塑性变形，而且在上述脆性断裂和延性断裂的定义中，"明显"两字的意义并不确定，所以常常人为地对脆性及延性的含义加以界定。一般规定，若材料的光滑拉伸试样的断面收缩率小于或等于5%，则为脆性断裂；若材料的光滑拉伸试样的断面收缩率大于5%，则为延性断裂。也有的国家使用光滑圆柱拉伸试样的断后伸长率10%作为脆性断裂和延性断裂的判据。

由于在脆性断裂发生前材料不产生或很少产生塑性变形，在断裂前无明显征兆，表现为断裂的突发性，因此这类断裂比较难以预防，往往造成灾难性的后果。

（2）根据裂纹的扩展途径分类　根据裂纹的扩展途径，可将断裂分为穿晶断裂、沿晶断裂及混合断裂。裂纹穿过晶粒内部而延伸的断裂称为穿晶断裂，而裂纹沿晶粒边界扩展的断裂则称为沿晶断裂，如图 2-1 所示。一般来说，穿晶断裂可以是延性的，也可以是脆性的，这主要取决于晶体材料本身的塑性变形能力、外部环境条件及力学约束条件。例如，面心立方金属 Cu，Al，Au，Ni 及以其为基的合金具有较好的塑性，体心立方金属 α 铁，Cr，W，Mo 等在较高温度时具有良好的塑性，在这种条件下常表现出延性断裂的特征，而在足够低的温度下转变为脆性材料，发生脆性断裂。沿晶断裂主要是因杂质元素的晶界偏聚或其他原因弱化了晶界而使晶界强度低于晶内强度所引起的。在这种情况下，材料实际的晶内强度并未充分发挥，所以很多情况下表现为脆性断裂，但是这种沿晶断裂并不排除沿晶界部分可能发生的微量塑性变形。

在有些情况下，同一裂纹体中的裂纹既可能发生穿晶断裂，也可能发生沿晶断裂，呈混合状，这种断裂即称为混合断裂。

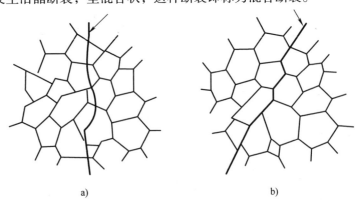

a)　　　　　　　　　　　　b)

图 2-1　穿晶断裂和沿晶断裂

a）穿晶断裂　b）沿晶断裂

（3）根据断裂机制分类 根据断裂机制，可将断裂分为解理断裂与剪切断裂。断裂面严格地沿晶体中某一晶面分离的断裂称为解理断裂，该晶面称为解理面，常常是低指数的晶面。解理断裂多数是脆性断裂。体心立方金属、密排六方金属在低温、应力集中以及冲击载荷下容易发生解理断裂，面心立方金属因具有较好的塑性，一般不发生解理断裂。

理想的解理断口形貌应是一个平坦完整的晶面，但由于晶体中存在各种缺陷，因此断裂并非沿单一的晶面解理，而是沿一族相互平行的晶面（均为解理面）解理。在高度不同的平行解理面之间存在解理台阶，在电子显微镜下观察解理断口，可看到由解理台阶的侧面会合形成的所谓"河流状"花样，如图 2-2 所示。河流状花样中的每条"支流"都对应着一个不同高度的相互平行的解理面之间的台阶。在解理裂纹扩展过程中，众多的台阶相互会合，便形成了河流状花样。在"河流"的"上游"，许多较小的台阶会合成较大的台阶，到"下游"，较大的台阶又会合成更大的台阶。"河流"的流向恰好与裂纹扩展方向一致。所以，人们可以根据河流状花样的流向，判断解理裂纹在微观区域内的扩展方向。

在剪应力的作用下，金属材料沿滑移面滑移而造成的断裂称为剪切断裂。由于材料性质的不同，剪切断裂有两种类型：一类称为纯剪切断裂或滑断；另一类称为微孔聚集型断裂[5]。

纯剪切断裂一般发生于非常纯的单相金属，特别是塑性较好的纯的单晶体中。在外力作用下，金属沿最大剪应力方向的滑移面发生滑移，最后因滑移面滑动分离而断裂，所以这是一种由纯粹的滑移流变所造成的断裂。单向拉伸时，其最大剪应力方向与拉伸轴成 45°角，所以其断口常呈锋利的楔形或尖刀形。其断裂特征如图 2-3 所示。

微孔聚集型断裂多见于钢铁等工程结构材料。该类材料具有较高

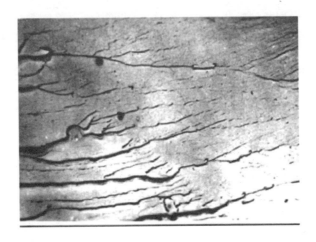

图 2-2　解理断口上的河流状花样

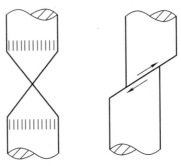

图 2-3　纯剪切断裂特征

的流变抗力，而且在这类材料的组织中存在着大量的第二相或多相夹杂，阻碍了滑移的充分行进，在外力作用下，位错容易堆积在夹杂物界面引起较大的应力集中，在试件的局部区域内（如缩颈部分）处于三向应力状态，约束了塑性变形的发展，因而可能引起夹杂物的破碎或夹杂物与基体界面的脱离而形成微小孔洞，这种孔洞在切应力作用下不断长大，聚集连接并同时不断产生新的微小孔洞，最终导致整个材料的断裂，如图 2-4 所示。

（4）根据引起构件断裂的原因分类　根据引起构件断裂的原因，

可将断裂分为在变动载荷作用下的疲劳断裂及由应力和腐蚀介质的共同作用引起的应力腐蚀断裂，以及过载断裂、氢脆断裂、蠕变断裂、混合断裂等。这种分类方法具有一定的普遍性，有助于对各种断裂的机理及原因进行对比分析研究。

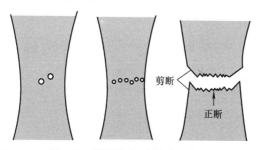

图 2-4　微孔聚集型断裂示意图

应当说明的是，在不同的工业部门中，各种断裂所占的比例是不同的。在机械行业中，疲劳断裂引起的破坏事故较多，据统计，在所有的实物破坏中，疲劳断裂的比例高达 90%，其余由构件设计方面的原因（如尺寸因素、材料的强度因素及构件的形状因素）引起的断裂（如过载断裂）仅占 10%。在化工行业中，应力腐蚀引起的断裂破坏事故较多。

2.3　线弹性断裂力学基础理论

线弹性断裂力学运用弹性力学的线性理论对裂纹体进行力学分析，并采用由此求得的应力强度因子、能量释放率等特征参量作为判断裂纹扩展的准则。线弹性断裂力学的建立，为分析含裂纹的结构的强度提供了新的工具。线弹性断裂力学是断裂力学中发展最为成熟的分支，在生产中已经得到了普遍应用。这里主要介绍 Griffith 微裂纹理论、应力强度因子、断裂韧度及裂纹失稳扩展判据等线弹性断裂力学的基本概念和理论。

2.3.1 Griffith 微裂纹理论及修正

（1）完整晶体的理论断裂强度　在分析材料的断裂强度时，人们希望了解在断裂前材料所能承受的最大应力，即从理论上来说材料的强度应有多高。

有几种推算晶体材料理论强度的方法，其中以双原子作用力模型应用得较为普遍。图 2-5 所示为晶体中两个相邻原子的作用力曲线。其中，A、B 为两相邻原子的中心，a_0 为晶格常数，也为无外力作用时两原子的平衡距离。两原子受静电吸引力的作用。曲线 1 是吸引力随距离变化的曲线，在很远处吸引力趋于零；曲线 2 是两原子核的排斥力曲线，两原子距离越小其排斥力增加得越快；曲线 3 为排斥力与吸引力的合力曲线。从图 2-5 可以看出，要使材料断裂，或要使两原子发生分离，其外力需达到合力的最大值 σ_{max} 才有可能，σ_{max} 即为理论断裂强度。

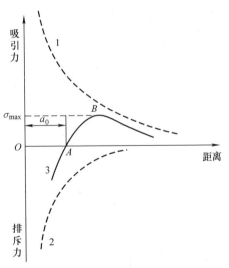

图 2-5　晶体中两个相邻原子的作用力曲线

经过计算，理论断裂强度为

$$\sigma_{\max} = \left(\frac{E\gamma_s}{a_0}\right)^{\frac{1}{2}} \tag{2-1}$$

式（2-1）表明，完整晶体的理论断裂强度与材料的晶格常数 a_0、弹性模量 E 及表面能密度 γ_s 有关。以钢为例，$E = 2 \times 10^5$ MPa，$a_0 = 3 \times 10^{-10}$ m，$\gamma_s \approx 1 \mathrm{J/m^2}$，求得 $\sigma_{\max}$ 约为 2.6×10^4 MPa $\approx E/8$。但即使是高强度钢，其实际的断裂应力也不超过 2×10^3 MPa，比理论值低约一个数量级。对于脆性固体，其实际的断裂强度和理论断裂强度之间的差异更大。对于一般固体，实际断裂强度为理论值的 1/100 ~ 1/1000。为了解释材料的实际断裂强度和理论断裂强度之间的差异，英国的 Griffith 于 1920 年提出了微裂纹理论。

（2）Griffith 微裂纹理论　从玻璃工业的实际经验中，Griffith 认识到微小裂纹对玻璃强度有很大的影响，并从中得到启发。材料的实际强度比理论强度低得多的原因可能是材料中微裂纹的存在引起应力集中，使断裂在较低的名义应力下发生。Griffith 微裂纹理论的基本思想是，实际材料中存在微裂纹，在外力作用下裂纹尖端引起的应力集中会大大地降低材料的断裂强度。对应于一定尺寸的裂纹有一临界应力值 σ_C，当外加应力大于 σ_C 时，裂纹便迅速扩展而导致材料断裂。所以，断裂并不是两部分晶体同时沿相邻原子面拉断，而是裂纹扩展的结果。实际断裂强度不是使两个相邻原子面同时分离的应力，而是现成裂纹扩展时的应力。

Griffith 从能量平衡的观点出发，研究了弹性体中贯穿裂纹失稳扩展的临界条件。他指出：裂纹扩展时弹性储能的减少等于裂纹表面能的增加。换句话说，如果释放的弹性储能小于因开裂而形成两个新表面所需的表面能，则裂纹不会扩展。通过分析，Griffith 导出了裂纹扩展的临界应力。

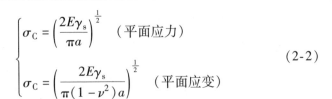

$$\begin{cases} \sigma_{C} = \left(\dfrac{2E\gamma_{s}}{\pi a}\right)^{\frac{1}{2}} & （平面应力） \\[3mm] \sigma_{C} = \left(\dfrac{2E\gamma_{s}}{\pi(1-\nu^{2})a}\right)^{\frac{1}{2}} & （平面应变） \end{cases} \tag{2-2}$$

式中，E 为材料的弹性模量（MPa）；ν 为泊松比；a 为裂纹半长（m）；γ_{s} 为产生单位新表面所需的表面能，即表面能密度（J/m²）。

式（2-2）为 Griffith 公式，它指出了裂纹扩展的条件。对于裂纹长度为 $2a$ 的裂纹，存在着一个临界应力 σ_{C}，当外加应力 $\sigma > \sigma_{C}$ 时，裂纹便开始失稳扩展，直至试件断裂。式（2-2）表明，具有 $2a$ 长裂纹的材料，其断裂应力与裂纹半长的平方根成反比。材料中存在的裂纹尺寸 a 越大，则材料的临界开裂应力越小，材料的强度也就越低。

比较式（2-2）（Griffith 公式）与式（2-1）（晶体材料的理论断裂强度公式）可以看出，它们在形式上是相同的。作为数量级估计，$a_{0} \approx 10^{-9}\,\mathrm{mm}$，若 $a \approx 10^{-1}\,\mathrm{mm}$，则 $\sigma_{C} \approx 10^{-4}\sigma_{max}$，可见裂纹的存在显著降低了材料的断裂强度。

（3）Griffith 公式的修正　应当注意的是，在 Griffith 公式的导出过程中，没有考虑物体在断裂过程中发生塑性变形而消耗的塑性变形功，所以该公式仅适用于脆性断裂或裂纹尖端的塑性变形可以被忽略的情况。对金属材料而言，断裂时所消耗的塑性变形功远大于材料断裂时新表面的表面能（差 4~6 个数量级）。Orowan 于 1949 年提出 Griffith 公式中的表面能除了应包括弹性表面能之外，还应当包括裂纹尖端区发生塑性变形所消耗的塑性功 γ_{p}，因此将 Griffith 公式修正为

$$
\begin{cases}
\sigma_{\mathrm{C}} = \left[\dfrac{2E(\gamma_{\mathrm{s}} + \gamma_{\mathrm{p}})}{\pi a} \right]^{\frac{1}{2}} & (\text{平面应力}) \\[4mm]
\sigma_{\mathrm{C}} = \left[\dfrac{2E(\gamma_{\mathrm{s}} + \gamma_{\mathrm{p}})}{\pi(1 - \nu^2)a} \right]^{\frac{1}{2}} & (\text{平面应变})
\end{cases}
\tag{2-3}
$$

Orowan 虽然对 Griffith 公式提出了修正，但其思考方法仍属于 Griffith 处理断裂问题的范畴。

2.3.2 裂纹尖端附近的应力场和应力强度因子

在此以 Ⅰ 型裂纹为例，讨论裂纹尖端附近的应力、位移及应力强度因子。

如图 2-6 所示，在无限大的厚度均匀的弹性板中，有一个长度为 $2a$ 的 Ⅰ 型穿透裂纹，此平板在无限远处受到垂直于裂纹方向的拉应力 σ 作用，坐标原点 O 选在裂纹尖端，x，y 为直角坐标系坐标轴，r，θ 为极坐标系的极径和极角。根据线弹性理论，裂纹尖端的应力场各分量为

$$
\begin{cases}
\sigma_{xx} = \dfrac{K_{\mathrm{I}}}{\sqrt{2\pi r}}\cos\dfrac{\theta}{2}\left(1 - \sin\dfrac{\theta}{2}\sin\dfrac{3\theta}{2} \right) \\[4mm]
\sigma_{yy} = \dfrac{K_{\mathrm{I}}}{\sqrt{2\pi r}}\cos\dfrac{\theta}{2}\left(1 + \sin\dfrac{\theta}{2}\sin\dfrac{3\theta}{2} \right) \\[4mm]
\sigma_{xy} = \dfrac{K_{\mathrm{I}}}{\sqrt{2\pi r}}\cos\dfrac{\theta}{2}\sin\dfrac{\theta}{2}\cos\dfrac{3\theta}{2} \\[4mm]
\sigma_{zz} = 0 \;(\text{平面应力}) \\[4mm]
\sigma_{zz} = \nu(\sigma_{xx} + \sigma_{yy}) = \dfrac{K_{\mathrm{I}}}{\sqrt{2\pi r}}2\nu\cos\dfrac{\theta}{2} \;(\text{平面应变})
\end{cases}
\tag{2-4}
$$

位移分量为

$$\begin{cases} u_x = \dfrac{K_{\mathrm{I}}}{2\mu}\sqrt{\dfrac{r}{2\pi}}\cos\dfrac{\theta}{2}\left(k-1+2\sin^2\dfrac{\theta}{2}\right) \\[3mm] u_y = \dfrac{K_{\mathrm{I}}}{2\mu}\sqrt{\dfrac{r}{2\pi}}\cos\dfrac{\theta}{2}\left(k+1-2\sin^2\dfrac{\theta}{2}\right) \end{cases} \tag{2-5}$$

式 (2-4) 中，ν 为泊松比；式 (2-5) 中，μ 为切变模量。式 (2-5) 中的系数 k 为

$$\begin{cases} k = \dfrac{3-\nu}{1+\nu} \text{（平面应力）} \\[3mm] k = 3-4\nu \text{（平面应变）} \end{cases} \tag{2-6}$$

式 (2-4) 和式 (2-5) 中 K_{I} 为 I 型裂纹尖端应力场强度因子，简称应力强度因子。K_{I} 表达式的一般形式为

$$K_{\mathrm{I}} = Y\sigma\sqrt{\pi a} \tag{2-7}$$

式 (2-7) 中，Y 为与裂纹几何形状、加载方式以及构件几何尺寸等有关的系数。在图 2-6 所示的条件下，K_{I} 为

$$K_{\mathrm{I}} = \sigma\sqrt{\pi a} \tag{2-8}$$

从式 (2-4) 和式 (2-5) 可以看出，在无限大板中，I 型裂纹尖端附近某点处的应力分量、位移分量（或应变分量）都取决于应力强度因子 K_{I}。相应地，II 型裂纹和 III 型裂纹尖端附近某点处的应力分量、位移分量（或应变分量）也都取决于相应的应力强度因子 K_{II} 和 K_{III}。应力强度因子 K（K_{I}、K_{II} 或 K_{III}）是裂纹尖端区域应力场强弱的度量，它综合反映了外加应力和裂纹长度对裂纹尖端应力场强度的影响。K 值越大，裂纹尖端附近的应力、位移（或应变）也越大。K 值与外加应力、裂纹长度、试件和裂纹的几何形状有关，但与 r、θ 无关。

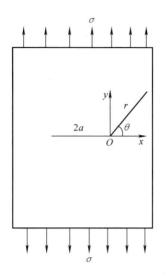

图 2-6　无限大板中长度为 $2a$ 的 I 型裂纹

2.3.3　断裂韧度及裂纹失稳扩展判据

下面以 I 型裂纹（见图 2-6）为例，分析裂纹延长线上的应力，并讨论裂纹扩展的临界条件。将 $\theta = 0°$ 代入式（2-4）可得在裂纹延长线（x 轴）上（$\tau_{xy} = 0\text{MPa}$），正应力 σ_{xx} 和 σ_{yy} 分别为

$$\sigma_{xx} = \sigma_{yy} = \frac{K_{\text{I}}}{\sqrt{2\pi r}} = \frac{\sigma \sqrt{\pi a}}{\sqrt{2\pi r}} \qquad (2\text{-}9)$$

由于在 x 轴上剪应力分量为零，只存在正应力分量，所以 x，y 方向即为主方向，σ_{xx}，σ_{yy} 即为主应力，且主应力 σ_{yy} 是引起裂纹扩展的力。由式（2-9）可知，裂纹前沿任一点 r 处的应力完全由 K_{I} 决定。当裂纹半长 a 一定，外加应力 σ 增加时，或者当外加应力 σ 一定，裂纹半长 a 增加时，均会引起 K_{I} 增加，从而使主应力 σ_{yy} 增加。当 K_{I} 增加到某一临界值从而使裂纹尖端区域足够大的体积内都

达到使材料分离的应力而导致裂纹迅速扩展时，K_I 就称为应力强度因子的临界值，记作 K_{IC} 或 K_C，称其为断裂韧度。其中，K_{IC} 为 I 型裂纹在平面应变的应力条件下的断裂韧度，表示材料在此条件下抵抗裂纹失稳扩展的能力；K_C 为 I 型裂纹在平面应力的应力条件下的断裂韧度，表示材料在此条件下抵抗裂纹失稳扩展的能力。由于平面应变状态是一种三向应力状态，对应变的约束要大，容易使材料产生"脆化"的趋势，因此对于同一材料，$K_C > K_{IC}$。由于平面应变状态是工程结构中最危险的工作状态，所以平面应变断裂韧度 K_{IC} 是工程安全设计的重要参量。可以根据应力强度因子及断裂韧度建立 I 型裂纹的失稳扩展判据为

$$K_I \geqslant K_{IC} \tag{2-10}$$

只要 K_I 小于临界值，裂纹就保持稳态。一旦 $K_I = K_{IC}$，裂纹即会失稳扩展。为保证带裂纹体构件的安全，其运行 K_I 值必须低于 K_{IC}。

应当注意，应力强度因子 K_I 与断裂韧度 K_{IC} 是两个不同的概念。应力强度因子 K_I 是描述外力作用下裂纹尖端区应力场强度的力学量，其值与构件中存在的裂纹长度及外加应力的大小有关，与构件材料本身无关。断裂韧度 K_{IC} 是裂纹发生失稳扩展时应力场强度因子的临界值，是反映材料抗脆断能力的韧性参量，是材料的一个性能指标，只与材料本身的组织状态有关，与外加载荷无关。

同理，可写出 II 型和 III 型裂纹的裂纹失稳扩展判据为

$$K_{II} \geqslant K_{IIC} \tag{2-11}$$

$$K_{III} \geqslant K_{IIIC} \tag{2-12}$$

I 型裂纹、II 型裂纹和 III 型裂纹的失稳扩展判据，即式(2-10)、式 (2-11) 和式 (2-12) 可写成如下的统一形式：

$$K_i \geqslant K_{iC} (i = I, II, III) \tag{2-13}$$

需要强调的是，以上讨论都是针对弹性体而言的，实际材料断裂前裂纹尖端通常存在塑性区。在小范围屈服的条件下，可以采用包括塑性功的有效表面能 $\gamma_p + \gamma_s$ 取代 γ_s，或采用考虑塑性区影响的有效裂纹长度取代真实裂纹长度 $2a$ 等，使线弹性断裂力学的处理仍能适用。但在大范围屈服的情况下必须采用弹塑性力学中的参量，来描述裂纹失稳扩展前的稳态裂纹特征，并且用相应的力学性能参数来反映裂纹扩展的抗力等。

2.4　本章小结

本章对断裂力学的产生和发展进行了概述；根据讨论问题的出发点不同，对断裂进行了详细分类；介绍了 Griffith 微裂纹理论、应力强度因子、断裂韧度及裂纹失稳扩展判据等线弹性断裂力学的基本概念和理论。目前，线弹性断裂力学已经发展得比较成熟，在生产中已经得到了普遍应用，但弹塑性断裂力学、断裂动力学等方面的研究还不太成熟。断裂力学还是一门年轻的学科，还有大量有待深入研究和探讨的问题。

第 3 章 ▶▶▶▶▶

扫描电子显微镜

自从 1965 年第一台商用扫描电子显微镜问世以来，日本、荷兰、德国、美国和中国等相继研制出各种类型的扫描电子显微镜。经过 50 多年的不断改进，扫描电子显微镜的分辨率从第一台的 25nm，提高到现在的 0.4nm，而且大多数扫描电子显微镜都能同 X 射线波谱仪、X 射线能谱仪、扫描探针、环境样品室和自动图像分析仪等组合，成为一种对表面微观世界能够进行全面分析的多功能电子显微仪器。本章将介绍扫描电子显微镜的发展史，讨论扫描电子显微镜的性能特点、工作原理、结构以及图像衬度的形成原理等内容。

3.1 扫描电子显微镜发展概述

现在公认的扫描电子显微镜的概念最早是由德国的 Knoll 在 1935 年提出来的，1938 年德国的 Von Ardenne 在透射电子显微镜上加了个扫描线圈做出了扫描透射电子显微镜（Scanning Transmission Electron Microscope，STEM）。由于不能获得高分辨率的样品表面电子像，扫描电子显微镜一直得不到发展，只能在电子探针 X 射线微分析仪中作为一种辅助的成像装置。此后，在许多科学家的努力下，扫描电子显微镜从理论到仪器结构等方面的一系列问题得到解决。1965 年，英国剑桥仪器公司制造出第一台商用扫描电子显微镜，它用二次电子成像，分辨率达 25nm。由此，扫描电子显微镜进入了实用阶段。20 世纪 70 年代初，美国芝加哥大学的 A. V. Crewe 教授将场发射电子枪用于扫描电子显微镜，使得分辨率大大提高。1978 年，第一台具有可变气压的商业扫描电子显微镜被研制出来，到 1987 年，样品腔的气压已可达到 2700Pa。

我国扫描电子显微镜的研制起步较迟，1975 年中国科学院北京科学仪器厂研制成功第一台扫描电子显微镜，型号为 DX-3，填补了我国扫描电子显微镜的空白[210]。DX-3 型扫描电子显微镜的分辨率为 10nm，加速电压为 5~30kV，放大倍数从 20 倍到 10 万倍，主要指标达到当时国际先进水平。1983 年中国科学院北京科学仪器厂从美国 Amray 公司引进由计算机控制、分辨率为 6nm、功能齐全的 Amray 1000B 扫描电子显微镜生产技术，1985 年生产了 KYKY-1000B 型扫描电子显微镜。1993 年中国科学院北京科学仪器研制中心研制成功了 KYKY-1500 型高温环境扫描电子显微镜，在 KYKY-1000B 基础上增加了高温试样台及低真空试样室，改进了真空系统及信号电子接收器等，试样温度最高达 1200℃，最高环境气压为 2600Pa，其在 800℃，1300Pa 时的分辨率优于 60nm。1995 年中国科学院北京科学仪器研制中心研制成功了 KYKY-2800 型扫描电子显微镜，分辨率为 4.0~4.5nm。1999 年中国科学院北京科学仪器研制中心研制成功了全计算机控制的 KYKY-3800 型扫描电子显微镜，分辨率为 4.5nm。2007 年中国科学院北京中科科仪股份有限公司在原有 KYKY-2800 的基础上，开发出 KYKY-EM3900 型扫描电子显微镜，但商品化的过程中还存在一些问题，截至 2013 年，主力机型依然是 KYKY-2800。

目前，扫描电子显微镜的发展方向是采用场发射枪的高分辨扫描电子显微镜和可变气压的环境扫描电子显微镜[211]。目前的高分辨扫描电子显微镜分辨率可以达到 1~2nm，最好的高分辨率扫描电子显微镜已具有 0.4nm 的分辨率。现代的环境扫描电子显微镜可在气压为 4000Pa 时仍保持 2nm 的分辨率。

3.2 扫描电子显微镜的性能特点

（1）分辨率高 在扫描电子显微镜的各种信号中，二次电子像具有最高的分辨率，一般扫描电子显微镜的分辨率就是指二次电子像的分辨率。目前，使用热钨丝发射电子枪的扫描电子显微镜的分辨率一般为 30～60Å（1Å = 0.1nm），采用场发射枪的扫描电子显微镜的分辨率一般为 10～20Å，顶级的场发射超高分辨率扫描电子显微镜的分辨率为 4～6Å，已接近透射电子显微镜的水平（1～3Å），这为亚微米和纳米尺度的研究提供了极大的方便。

（2）放大倍数范围宽 扫描电子显微镜的放大倍数可从几十倍到几十万倍连续可调，而光学显微镜和透射电子显微镜的放大倍数都不是连续可调的。扫描电子显微镜既可在低放大倍数下工作又可在高放大倍数下工作，而光学显微镜只能在低放大倍数下工作，透射电子显微镜只能在高放大倍数下工作。在实际工作中，经常希望有一个从宏观到微观、从低放大倍数到高放大倍数的观察过程。例如，对断口的分析，往往在低放大倍数下先观察断口的全貌，寻找断裂缝，对断裂过程有一个粗略且全面的了解，然后再在高放大倍数下观察感兴趣的细节特征。在扫描电子显微镜问世前，这样高、低放大倍数连续观察是很麻烦的，需要采取立体显微镜、光学显微镜和透射电子显微镜配合起来观察，由于不在一个仪器上观察，因此很难保证同一视场能理想地重复。扫描电子显微镜问世后，整个断口分析工作在一台扫描电子显微镜上就可顺利完成。目前，断口分析几乎是扫描电子显微镜的"专利"工作。

（3）景深大 扫描电子显微镜的末级透镜（物镜）采用小孔视角、长焦距，所以可获得很大的景深。扫描电子显微镜的景深比一般光学显微镜的景深大 100~500 倍，比透射电子显微镜的景深大 10 倍左右。由于景深大，扫描电子显微镜图像的三维立体感强。对于断口试样，只有景深大才能有效地观察，而光学显微镜往往因为景深不足无法胜任。由于断口试样粗糙，做复形易产生假象，所以用透射电子显微镜观察也有一定的困难。

（4）试样制备简单 扫描电子显微镜采用块状样品，通常只要能把样品放入样品台即可进行观察。扫描电子显微镜的样品台可达到 100 多毫米，高度允许几十毫米，故不仅可做小样品，也可做大样品。扫描电子显微镜试样制备的关键是让样品导电，故对导电样品，不需对样品做特殊处理；对非导电样品，只要在试样上喷涂一层导电物质（通常为金或碳）即可进行观察，这比起光学显微镜和透射电子显微镜的样品制备要简单得多。近年来，可变压扫描电子显微镜（Variable Pressure Scanning Electron Microscope，VPSEM）和环境扫描电子显微镜（Environmental Scanning Electron Microscope，ESEM）采用差分真空系统，使样品周围的真空度保持较低或可变，样品无论干湿（例如含水的动植物样品），是否导电（例如绝缘体），均可以直接观察，大大拓展了扫描电子显微镜的应用范围。

（5）综合分析能力强 现代的扫描电子显微镜可以安装多种附件，分别检测不同的信号，提供样品的相关信息。扫描电子显微镜不单纯是微观放大系统，已经变成一台具有多种功能的分析仪器。能谱仪（Energy Dispersive Spectrometer，EDS）和波谱仪（Wavelength Dispersive Spectrometer，WDS）是最常用的附件，用于检测样品出射的特征 X 射线，提供材料化学成分的定性或定量分析结果，还可安装背散射电子衍射系统（Electron Back Scattered Diffraction，EBSD），检测样品出射的背散射电子，用于对样品做晶体结构和晶体取向分析。利用样品拉伸台对材料施加应力，可以在拉伸过程中观察材料的动态应变特性，这是研究金属和高分子材料的一种必要手段。若采用环境扫描模式，还可在低真空、有水气环境下做扫描电子显微镜观察，甚至可以做拉伸、加热、冷冻、喷气、喷液等实验。这种环境扫描电子显微镜相当于一个小型实验室。

综上所述，扫描电子显微镜分辨率高、放大倍数范围宽、图像三维效果好、样品适用面广，并有很强的综合分析能力，集成了最新的光学、电子和计算机技术。高度自动化和人性化设计，使扫描电子显微镜已经从高层次的研究发展成为应用广泛的测试手段。扫描电子显微镜不仅应用于材料学、化学、物理学、电子学、生物学、医学、考古学、地质矿物学、食品科学等领域，而且在半导体工业、陶瓷工业、化学工业、石油工业等生产部门也得到了广泛应用。

3.3 扫描电子显微镜的工作原理

图 3-1 是扫描电子显微镜的工作原理示意图。由电子枪发射出来的电子束经过栅极静电聚焦后成为直径为 $50\mu m$ 的点光源，然后在加速电压（$1 \sim 30 kV$）的作用下，经两三个透镜组成的电子光学系统，形成直径为几纳米的电子束，聚焦在样品表面上。在末级透镜上装有扫描线圈，它的功能是使电子束在样品表面扫描。高能电子束与样品交互作用，产生各种信号：二次电子、背散射电子、吸收电子、X 射线、俄歇电子、阴极发光和透射电子等。这些信号被相应的接收器接收，经放大后送到显像管的栅极上，调制显像管的亮度。由于扫描线圈的电流与显像管的相应偏转电流同步，因此试样表面任意点的发射信号与显像管荧光屏上的亮度一一对应。也就是说，电子束打到样品上的某一点时，在显像管荧光屏上就出现一个亮点。我们所要观察的试样在一定区域的特征，则是采用扫描电子显微镜逐点成像的图像分解法显示出来的。试样表面由于形貌不同，对应于许多不同的单元

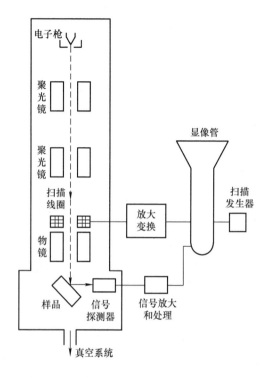

图 3-1　扫描电子显微镜的工作原理示意图

（称为像元），它们在电子束轰击后，能发出为数不等的二次电子、背散射电子等信号，依次从各像元检出信号，再一一传送出去。传送的顺序是从左上方开始到右下方，依次一行一行地传送像元，直至传送完一幅或一帧图像。采用这种逐点成像的图像分解法，就可以用一套线路传送整个试样表面的不同信息。为了按照规定的顺序检测和传送各像元的信息，就必须使聚得很细的电子束在试样表面做逐点逐行的运动，也就是光栅状扫描。

3.4　扫描电子显微镜的结构

扫描电子显微镜由电子光学系统、信号收集和显示系统、真空系统及电子系统等部分组成。图 3-2 所示为扫描电子显微镜的结构。

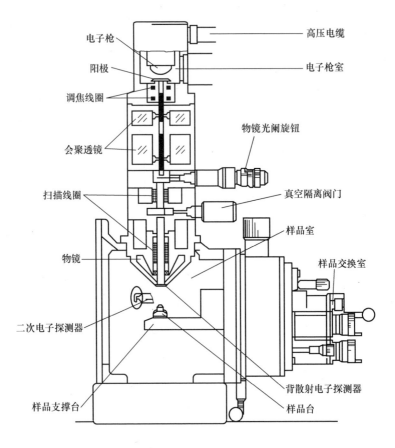

图 3-2　扫描电子显微镜的结构

（1）电子光学系统　电子光学系统由电子枪、电磁透镜、扫描线圈和样品室等部件组成。电子光学系统的作用是获得扫描电子束，作为使样品产生各种物理信号的激发源。

1）电子枪。扫描电子显微镜的电子枪与透射电子显微镜的电子枪相似，都用于提供电子束源，但二者使用的电压是完全不同的。透射电子显微镜的分辨率与电子波长有关，波长越短（对应的电压越

高），分辨率越高，故透射电子显微镜的工作电压一般都是 100 ~
300kV，甚至达到 400kV 或 1000kV。扫描电子显微镜的分辨率与电
子波长关系不大，与电子在试样上的最小扫描范围有关。电子束斑越
小，电子在试样上的最小扫描范围就越小，分辨率也就越高，但必须
保证在使用足够小的电子束斑时，电子束具有足够的强度，故通常扫
描电子显微镜的工作电压为 1 ~ 30kV。场发射电子枪既可提供足够小
的束斑，又有很高的强度，是扫描电子显微镜的理想电子束源，它在
高分辨率的扫描电子显微镜中有广泛的应用。

　　2）电磁透镜。扫描电子显微镜中的各电磁透镜都不作为成像透
镜使用，而是作为会聚透镜使用，它的功能是把电子枪的束斑逐级聚
焦缩小，使原来直径为 50μm 的束斑（如果使用普通钨灯丝电子枪的
话）缩小成一个只有几纳米大小的细小斑点。这个缩小的过程需要
几个透镜来完成，通常采用三个聚光镜，前两个是强磁透镜，负责把
电子束斑缩小，第三个透镜（习惯上称为物镜，也称为末级束斑形
成透镜）是弱磁透镜，它决定了电子束最终束斑的尺寸。设计物镜
时除了要使其能够获得小尺寸束斑外，还必须考虑其他因素。物镜大
多采用上下极靴不同且孔径不对称的磁透镜，主要是为了不影响二次
电子的收集。另外，物镜下方和样品室之间要留有尽可能大的空间，
以便装入各种信号探测器及放置样品；物镜中要有足够的空间用于容
纳扫描线圈和消像散器。

　　3）扫描线圈。扫描线圈是扫描电子显微镜中必不可少的部件，
它的作用是使电子束偏转，并在试样表面做有规律的扫描。这个扫描
线圈与显示系统中显像管的扫描线圈由同一个锯齿波发射器控制，二
者严格同步。扫描线圈通常采用磁偏转式，大多数位于最后两个透镜
之间，也有的放在末级透镜的物空间内。

4) 样品室。扫描电子显微镜的样品室除了放置样品外，还要安置信号探测器。所有的信号探测器都在样品室之内或周围，因为有些信号的收集与几何方位有关，故在设计样品室时要考虑对各类信号检测都有利，还要考虑同时收集几种信号的可能性，故样品室的设计是非常讲究的。

样品室中最主要的部件之一是样品台，它应能容纳大的试样（直径大于100mm），还要能进行三维空间的移动、倾斜（90°~100°）和转动（360°），而且精度要高、振动要小。样品台的运动可用计算机控制，样品台在三维空间的移动精度可达到 $1\mu m$。

（2）信号收集和显示系统　信号收集和显示系统包括各种信号检测器，以及前置放大器和显示装置。其作用是检测样品在入射电子作用下产生的物理信号，然后经视频放大输出后用来调制荧光屏的亮度，显示反映样品表面特征的扫描图像，供观察、照相记录，或者存储电子文档。

（3）真空系统和电子系统　为了保证扫描电子显微镜的电子光学系统正常工作，扫描电子显微镜的镜筒内要有 $10^{-2} \sim 10^{-3} Pa$ 的真空度。另外，扫描电子显微镜还有一套电子系统用于电压控制和系统控制。

3.5　扫描电子显微镜的分类

目前，市场上提供的商业扫描电子显微镜分为两类：场发射扫描电子显微镜（Field Emission Gun Scanning Electron Microscope，FEGSEM）和常规扫描电子显微镜（Conventinnal Scanning Electron Microscope，CSEM）。两类扫描电子显微镜的主要性能指标对照见表3-1。

表 3-1　场发射扫描电子显微镜与常规扫描电子显微镜主要性能指标对照

类型	照明电子源	分辨率/nm	放大倍数（×1000）	加速电压/kV
FEGSEM	场发射电子枪：冷场阴极、Schottky 阴极	1.0 ~ 1.5	10 ~ 900	0.1 ~ 30
CSEM	热发射电子枪：钨场阴极、LaB_6 阴极	3.0 ~ 3.5	10 ~ 300	0.5 ~ 30

（1）场发射扫描电子显微镜　场发射扫描电子显微镜属于高分辨型扫描电子显微镜，使用场发射电子枪，如同一个 2000W 的特种光源，亮度高，可以照亮样品各个部位的细节。电子束斑直径小于 1nm，能够对样品 1nm 尺度的细节进行成像，可以真正实现在低加速电压下工作。其提供的高分辨率图像可以与同样放大倍数的透射电子显微镜图像进行对比。现代的场发射扫描电子显微镜克服了早期电子源不稳定和使用麻烦的缺点，场发射电子枪参数一经设定后，全部由计算机控制，使用时只需选定加速电压就可以操作，即使拍摄放大倍数为 10 万倍的图像，也是轻而易举的事。为此，电子显微镜厂家在电子枪选用、透镜像差校正、信号探测和高真空系统等方面进行了精心设计和制造，追求分辨率的提高。由此可见，分辨率是反映电子显微镜综合性能的唯一指标。场发射扫描电子显微镜和常规扫描电子显微镜之间的最大差异是电子枪和真空系统。前者提供亮度高、束斑小的电子源，适合高放大倍数和高分辨率成像。现代的场发射扫描电子显微镜性能稳定、寿命延长，是进入纳米尺度研究的首选仪器，已经大量应用于半导体、计算机、材料等领域。目前，场发射扫描电子显微镜已占各电子显微镜厂家相当大的销售份额。

（2）常规扫描电子显微镜　常规扫描电子显微镜使用热发射电子枪。与场发射电子枪相比，热发射电子枪相当于 10W 的白炽灯，亮度有限，束斑直径较大。由表3-1可见，两种扫描电子显微镜分辨率相差不大，要想获得一张3nm分辨率的图像，不是任何人都可以实现的，这已是目前的极限值。至于其放大倍数可到300000倍，则没有实际意义，因为束斑直径明显大于该放大倍数下的像元值，分辨率受到束斑直径的限制。但是，对于大量的常规检测，这种电子显微镜因价格便宜、适用性强、维护费用低而不可缺少。

图3-3所示为日本日立公司生产的S-3400N型常规扫描电子显微镜的外形，它配备有日本HORIBA公司生产的EMAX 7021-H型能谱仪。S-3400N型常规扫描电子显微镜的二次电子分辨率可达3.0nm，背散射电子分辨率达4.0nm。由于其真空系统采用涡轮分子泵排气系统，因此S-3400N型常规扫描电子显微镜具有换样快、体积小、耗电少、不需要冷却循环水系统等优点。

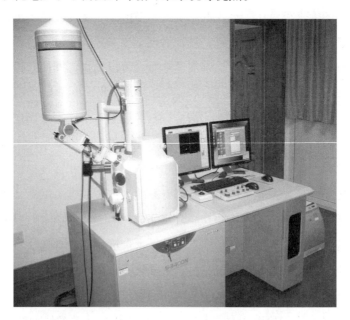

图3-3　日立公司S-3400N型常规扫描电子显微镜

3.6 扫描电子显微镜图像的衬度形成原理

在扫描电子显微镜中，电子束与样品相互作用，由于样品微区特征（例如形貌、原子序数或化学成分、晶体结构或取向等）不同，产生的信号强度也就不同，导致图像上出现亮度不同的区域，这就形成了扫描电子显微镜图像的衬度。形貌衬度和成分衬度是扫描电子显微镜最基本的两种图像衬度[212]。

（1）形貌衬度 表面的形貌衬度是指利用对样品表面特别敏感的信号成像而得到的衬度。二次电子和背散射电子均可以提供形貌衬度，这是扫描电子显微镜中最常用的图像衬度。

1）二次电子像的形貌衬度。二次电子主要来自表面下深度小于10nm 的浅层区域，它的强度与样品微区的形貌有关，而与样品的原子序数没有明显的依赖关系。二次电子像的分辨率高，适于显示形貌细节。在扫描电子显微镜中，二次电子产率随微区表面倾斜程度变化而变化，样品表面倾角大的细节比倾角小的细节产生的二次电子多。这种信号强度的差异是提供形貌衬度的依据。用二次电子信号做形貌分析时，可在探测器收集栅上加一个正电压（250～500V）来吸引能量较低的二次电子，使它们以弧形路线进入探测器。这样从试样表面某些背向探测器或凹坑等部位逸出的二次电子也能对成像有贡献，故二次电子像层次（景深）增加，细节清晰。

2）背散射电子像的形貌衬度。背散射电子虽然大部分来自样品的较深部位，但随着样品倾角的增大，背散射电子出射样品的机会也增加，背散射电子产率也随样品倾角的加大而上升，因此背散射电子像有衬度变化，可以显示样品的微观形貌。

与二次电子相比，背散射电子能量较高，离开样品表面后沿直线轨迹运动，能进入探测器的背散射电子仅限于朝着探测器方向沿直线轨迹运动的背散射电子，即探测器收集到的是从反射台到探测器所张的立体角内的背散射电子，不在立体角范围内的背散射电子就接收不到，而该立体角很小，信号强度低，探测器对背散射电子的几何收集率为1%～10%，因而背散射电子像有明显阴影，阴影部分的细节由于太暗可能看不清楚。因此，背散射电子像在反映样品表面细节方面不如二次电子像。

（2）成分衬度　电子束与样品相互作用会产生某些与样品微区原子序数或化学成分有关的物理信号，例如背散射电子、吸收电子、特征X射线。检测这些信号成像（称为成分衬度像），可以显示出微区内化学成分或原子序数的差异。

1）背散射电子像的成分衬度。在原子序数 $Z<40$ 的范围内，背散射电子的产额对原子序数十分敏感。故在进行分析时，从试样上原子序数较高的区域中得到比原子序数较低区域更多的背散射电子，也就是说原子序数较高的区域比原子序数较低的区域亮，这就是背散射电子的原子序数衬度原理。

利用背散射电子的原子序数衬度来分析界面上或晶粒内部不同种类的析出相是十分有效的，因为析出相成分不同，激发的背散射电子数量也不同。这样我们就可以从背散射电子像的亮度差别，再根据我们对试样的了解，定性地判断出析出物的类型。

2）吸收电子像的成分衬度。吸收电子强度等于入射电子强度减去背散射电子强度和二次电子强度。由于二次电子随原子序数变化不大，但背散射电子强度与原子序数有关，因此吸收电子强度与原子序数有关。很显然，背散射电子像上的亮区在吸收电子像上必是暗区，即吸收电子像与背散射电子像的衬度是互补的，故吸收电子像也能用来显示试样表面元素的分布，但它的分辨率较差，只有 $0.1\sim1\mu m$，不过对于试样裂缝内部的观察，吸收电子像是有利的。

形貌衬度和成分衬度是扫描电子显微镜最基本的两种图像衬度。形貌衬度的起因是出射样品的二次电子产率有差异。成分衬度的起因是背散射电子强度、吸收电子强度及特征 X 射线强度的差异。需要注意的是，二次电子像主要对形貌敏感，背散射电子像主要对成分敏感，但二次电子像也会有背散射电子的影响，而背散射电子像也常伴随着二次电子的影响。用背散射电子进行成分分析时，为了避免形貌衬度对原子序数衬度的干扰，要对被分析试样进行表面抛光。用二次电子像进行表面形貌分析时，则需要保护好原始的表面。

3.7　本章小结

本章对扫描电子显微镜的发展进行了概述；介绍了扫描电子显微镜的性能特点；阐述了扫描电子显微镜的工作原理及结构；介绍了扫描电子显微镜的分类；分析了扫描电子显微镜图像的形貌衬度和成分衬度形成原理。扫描电子显微镜具有分辨率高、放大倍率宽、图像三维效果好、样品适用面广、综合分析能力强等特点，使得扫描电子显微镜已经从高层次的研究发展成为应用广泛的测试手段。原位扫描电子显微镜实验可以实时动态地研究材料在加载时的响应，近年来成为一种非常有效而直观的断裂研究手段，可用于观察损伤与断裂过程中表面裂纹的萌生、扩展及断裂过程或疲劳的累积损伤等。

第 4 章

几何相位分析方法

几何相位分析方法是一种基于高分辨率分析仪器和数字图像处理技术的高精度纳米尺度实验力学测试技术。几何相位分析方法适用于傅里叶空间，它通过对高分辨率透射电子显微镜图像的分析来实现对材料纳米尺度局部变形的测定。自 1998 年 Hytch 等提出几何相位分析方法之后，该方法经过了多次讨论和完善，已经被大量应用到多层结构及缺陷的应变分析中。本章将讨论几何相位分析方法的基本原理及分析步骤。此外，考虑到掩模大小是几何相位分析方法定量分析应变过程中的一个重要参数，本章将采用几何相位分析方法测定锗硅（Ge/Si）异质结构界面的全场应变，并分析掩模大小对几何相位分析方法测定结果的影响。

4.1 几何相位分析方法的原理

电子显微图像可以分解为不同晶面组的晶格条纹像，这些晶格条纹像的交叉点处对应于沿着电子束入射方向的原子柱或原子柱在该方向上的投影。在高分辨率透射电子显微镜图像中测量变形就是指测量这些原子柱的相对位置及位置变化。几何相位分析就是从一幅高分辨率透射电子显微镜图像中提取两组不同晶面组的晶格条纹图像并计算其相位图，再根据相位与应变场的关系得到每组晶面的变形量，最后利用弹性理论把两组晶面的变形量合成为平面内全场变形量。

一幅完整的晶体电子显微镜图像可用傅里叶级数展开为[173]

$$I(\boldsymbol{r}) = \sum_g H_g(\boldsymbol{r}) \mathrm{e}^{2\pi \mathrm{i} \boldsymbol{g} \cdot \boldsymbol{r}} \tag{4-1}$$

式（4-1）中，$I(\boldsymbol{r})$ 是图像中位置 $\boldsymbol{r}$ 处的强度，$\boldsymbol{g}$ 表示未变形晶格的倒格矢，$H_g(\boldsymbol{r})$ 是局部傅里叶系数。$H_g(\boldsymbol{r})$ 可在傅里叶空间通过滤波得到，可以写作

$$H_g(\boldsymbol{r}) = A_g(\boldsymbol{r}) \mathrm{e}^{\mathrm{i} P_g(\boldsymbol{r})} \tag{4-2}$$

式（4-2）中幅值 $A_g(\boldsymbol{r})$ 描述了晶格条纹的局部衬度，相位 $P_g(\boldsymbol{r})$ 描述了晶格条纹的位置。

把式（4-1）按照式（4-2）定义的相位 P_g 和幅度 A_g 来表示，同时将其应用到一幅傅里叶系数具有共轭对称的实图像中，可得到下式：

$$I(\boldsymbol{r}) = A_0 + \sum_{g>0} 2A_g \cos(2\pi \boldsymbol{g} \cdot \boldsymbol{r} + P_g) \tag{4-3}$$

这是实型函数的傅里叶变换的另一种写法。由式（4-3）可得一组特定晶格条纹的强度图像 $B_g(\boldsymbol{r})$。

$$B_g(\boldsymbol{r}) = 2A_g(\boldsymbol{r}) \cos\left[2\pi \boldsymbol{g} \cdot \boldsymbol{r} + P_g\right] \tag{4-4}$$

这是对原始图像进行布拉格滤波产生的图像（在傅里叶变换图像中的 $\pm \boldsymbol{g}$ 衍射斑点附近放置掩模），在晶格条纹存在变形时，共轭对称关系仍然成立，即

$$H_{-g}(\boldsymbol{r}) = H_g^*(\boldsymbol{r}) \tag{4-5}$$

布拉格滤波采用如下布里渊区掩模：

$$\begin{cases} \tilde{M}(k) = 1, & \text{第一布里渊区内} \\ \tilde{M}(k) = 0, & \text{第一布里渊区外} \end{cases} \tag{4-6}$$

则布拉格滤波后的图像可以表示为

$$B_g(\boldsymbol{r}) = 2A_g(\boldsymbol{r}) \cos\left[2\pi \boldsymbol{g} \cdot \boldsymbol{r} + P_g(\boldsymbol{r})\right] \tag{4-7}$$

式（4-7）是几何相位图像概念的出发点，此处只考察相位图像

$P_g(\boldsymbol{r})$。

根据缺陷动力学散射理论[213]，晶体缺陷附近存在位移场 $\boldsymbol{u}(\boldsymbol{r})$：

$$\boldsymbol{r} \rightarrow \boldsymbol{r} - \boldsymbol{u}(\boldsymbol{r})$$

则根据式（4-4）有：

$$B_g(\boldsymbol{r}) = 2A_g(\boldsymbol{r})\cos\left[2\pi\boldsymbol{g}\cdot\boldsymbol{r} - 2\pi\boldsymbol{g}\cdot\boldsymbol{u}(\boldsymbol{r}) + P_g\right] \quad (4-8)$$

将式（4-8）和式（4-7）做比较，并且忽略任意常数相位 P_g，可得

$$P_g(\boldsymbol{r}) = -2\pi\boldsymbol{g}\cdot\boldsymbol{u}(\boldsymbol{r}) \quad (4-9)$$

式（4-9）给出了位移场 $\boldsymbol{u}(\boldsymbol{r})$ 与几何相位 $P_g(\boldsymbol{r})$ 之间的关系，它是几何相位分析的核心。如果已知几何相位 $P_g(\boldsymbol{r})$，就可以通过式（4-9）计算出位移场 $\boldsymbol{u}(\boldsymbol{r})$。

具体操作时，首先计算电子显微镜图像强度 $I(\boldsymbol{r})$ 的功率谱，将功率谱中心点指向一个衍射斑点的矢量选作倒格矢 $\boldsymbol{g}$，然后做布拉格滤波，这等价于在式（4-1）中只选择一项，滤波之后得到的反傅里叶变换复数图像为

$$H'_g(\boldsymbol{r}) = A_g(\boldsymbol{r})\mathrm{e}^{2\pi\mathrm{i}\boldsymbol{g}\cdot\boldsymbol{r} + \mathrm{i}P_g(\boldsymbol{r})} \quad (4-10)$$

布拉格滤波图像强度 $B_g(\boldsymbol{r})$、振幅 $A_g(\boldsymbol{r})$ 和几何相位 $P_g(\boldsymbol{r})$ 都可通过该图像计算，具体如下：

$$B_g(\boldsymbol{r}) = 2\mathrm{Re}\left[H'_g(\boldsymbol{r})\right] \quad (4-11)$$

$$A_g(\boldsymbol{r}) = \mathrm{Mod}\left[H'_g(\boldsymbol{r})\right] \quad (4-12)$$

$$P_g(\boldsymbol{r}) = \mathrm{Phase}\left[H'_g(\boldsymbol{r})\right] - 2\pi\boldsymbol{g}\cdot\boldsymbol{r} \quad (4-13)$$

$$P'_g(\boldsymbol{r}) = \mathrm{Phase}\left[H'_g(\boldsymbol{r})\right] \quad (4-14)$$

其中 Re 表示实部，$P'_g(\boldsymbol{r})$ 表示原始几何相位图像。

在实际应用中，在倒空间中使用的掩模并不是式（4-6）定义的布里渊区掩模。为了降低噪声和平滑图像，常使用 Gaussian 掩模，即

$$\tilde{M}(k) = \exp\left(-4\pi\frac{k^2}{g^2}\right)$$

由式（4-9）可知，相位图 $P_g(\boldsymbol{r})$ 给出了倒格矢 $\boldsymbol{g}$ 方向的位移场 $\boldsymbol{u}(\boldsymbol{r})$ 的分量，因此通过联合两组晶格条纹的相位信息就可以计算出矢量位移场（假设倒格矢 $\boldsymbol{g}_1$ 和 $\boldsymbol{g}_2$ 不共线）。根据式（4-9）可得：

$$P_{g1}(\boldsymbol{r}) = -2\pi\boldsymbol{g}_1 \cdot \boldsymbol{u}(\boldsymbol{r}) = -2\pi[g_{1x}u_x(\boldsymbol{r}) + g_{1y}u_y(\boldsymbol{r})] \quad (4\text{-}15)$$

$$P_{g2}(\boldsymbol{r}) = -2\pi\boldsymbol{g}_2 \cdot \boldsymbol{u}(\boldsymbol{r}) = -2\pi[g_{2x}u_x(\boldsymbol{r}) + g_{2y}u_y(\boldsymbol{r})] \quad (4\text{-}16)$$

式（4-15）和式（4-16）可以表示为矩阵形式，即

$$\begin{pmatrix} P_{g1} \\ P_{g2} \end{pmatrix} = -2\pi\begin{pmatrix} g_{1x} & g_{1y} \\ g_{2x} & g_{2y} \end{pmatrix}\begin{pmatrix} u_x \\ u_y \end{pmatrix} \quad (4\text{-}17)$$

所以位移场的矩阵形式可表示为

$$\begin{pmatrix} u_x \\ u_y \end{pmatrix} = -\frac{1}{2\pi}\begin{pmatrix} g_{1x} & g_{1y} \\ g_{2x} & g_{2y} \end{pmatrix}^{-1}\begin{pmatrix} P_{g1} \\ P_{g2} \end{pmatrix} \quad (4\text{-}18)$$

引入由倒格矢 $\boldsymbol{g}_1$ 和 $\boldsymbol{g}_2$ 定义的实空间晶格中的基矢量 $\boldsymbol{a}_1$ 和 $\boldsymbol{a}_2$，令

$$\boldsymbol{A} = \begin{pmatrix} a_{1x} & a_{2x} \\ a_{1y} & a_{2y} \end{pmatrix} \quad \boldsymbol{G} = \begin{pmatrix} g_{1x} & g_{2x} \\ g_{1y} & g_{2y} \end{pmatrix}$$

则有 $\boldsymbol{G}^{\mathrm{T}} = \boldsymbol{A}^{-1}$（这里的 T 表示矩阵的转置），将 $\boldsymbol{A}$ 和 $\boldsymbol{G}$ 代入式（4-18）得：

$$\begin{pmatrix} u_x \\ u_y \end{pmatrix} = -\frac{1}{2\pi}\begin{pmatrix} a_{1x} & a_{2x} \\ a_{1y} & a_{2y} \end{pmatrix}\begin{pmatrix} P_{g1} \\ P_{g2} \end{pmatrix} \quad (4\text{-}19)$$

式（4-19）对应的矢量形式为

$$\boldsymbol{u}(\boldsymbol{r}) = -\frac{1}{2\pi}[P_{g1}(\boldsymbol{r})\boldsymbol{a}_1 + P_{g2}(\boldsymbol{r})\boldsymbol{a}_2] \quad (4\text{-}20)$$

可见，根据式（4-20），通过测量两幅相位图就可计算出矢量位移场。

由几何相位计算出位移场之后，晶格的局部畸变可通过位移场的梯度给出。位移场的梯度可用 2×2 矩阵 e 表示为

$$e = \begin{pmatrix} e_{xx} & e_{xy} \\ e_{yx} & e_{yy} \end{pmatrix} = \begin{pmatrix} \dfrac{\partial u_x}{\partial x} & \dfrac{\partial u_x}{\partial y} \\[2mm] \dfrac{\partial u_y}{\partial x} & \dfrac{\partial u_y}{\partial y} \end{pmatrix} \tag{4-21}$$

由这一矩阵可以计算出局部应变张量 ε 和局部刚体转动张量 ω 分别为

$$\varepsilon = \frac{1}{2}(e + e^{\mathrm{T}}) \tag{4-22}$$

$$\omega = \frac{1}{2}(e - e^{\mathrm{T}}) \tag{4-23}$$

联立式（4-21）、式（4-22）和式（4-23），可得平面应变张量 ε 为

$$\begin{cases} \varepsilon_{xx} = \dfrac{\partial u_x}{\partial x} \\[2mm] \varepsilon_{yy} = \dfrac{\partial u_y}{\partial y} \\[2mm] \varepsilon_{xy} = \dfrac{1}{2}\left(\dfrac{\partial u_x}{\partial y} + \dfrac{\partial u_y}{\partial x} \right) \end{cases} \tag{4-24}$$

刚体转动张量成分 ω_{xy} 为

$$\omega_{xy} = \frac{1}{2}\left(\frac{\partial u_y}{\partial x} - \frac{\partial u_x}{\partial y} \right) \tag{4-25}$$

目前，几何相位分析方法主要应用于对高分辨率透射电子显微镜图像进行应变场的测定。实际上，该方法可以应用到任意具有周期性网格的图像中[214]。

4.2 几何相位分析的步骤

几何相位分析软件 GPA Phase v3.0（HREM Research 公司）是透

射电子显微镜数据采集和分析软件 Digital Micrograph 3. 10. 1（Ganta 公司）中能对高分辨率电子显微镜图像进行应变定量分析的一个插件。利用该插件进行应变定量分析的一般步骤是：

1）计算高分辨率电子显微镜图像的功率谱。

2）在功率谱图中选择两个不共线的强衍射斑点分别进行相位计算，从而获得两幅复数相位图。

3）在相位图上选择未变形区域作为参考区。

4）利用获得的两幅不同晶面组的相位图计算矢量位移场，进而得到平面应变场应变张量 ε 和刚体转动张量 $\boldsymbol{\omega}$。

4.3　掩模大小对几何相位分析方法测定结果的影响分析

采用几何相位分析方法对应变进行定量分析时，掩模大小的选择对应变场测定结果有重要影响。为了说明掩模大小对几何相位分析方法测定结果的影响，这里采用几何相位分析方法测定 Ge/Si 异质结构界面的全场应变，并对掩模大小对几何相位分析方法测定结果的影响进行分析。

4.3.1　实验过程

采用超高真空化学气相沉积（Ultra – high Vacuum Chemical Vapor Deposition，UHV CVD）系统在（001）晶面的 Si 基底上生长 Ge 薄膜来制备 Ge/Si 异质结构。首先用 RCA 方法清洗 Si 基底，然后在 400℃脱气，再经 930℃高温脱氧，最后采用"低、高温两步法"[215] 在 Si 基底外延生长 Ge 薄膜。该 UHV – CVD 系统的本底真空达 3.0×10^{-8}Pa，并配有反射高能电子衍射仪（Reflection High – energy Electron Diffraction，RHEED），可对基底表面的清洁状况、外延层厚度等进行在线监控。利用该设备外延生长的 Ge 薄膜具有良好的晶体质量，并具有平整的表面，表面粗糙度为 0.33nm。制备出 Ge/Si 异质结构之后，再通过对粘试样、切片、机械研磨、离子减薄等步骤制备出透射电子显微镜截面试样。

将透射电子显微镜截面试样放在透射电子显微镜的双倾台架上，使用 JEM – 2010 型高分辨率透射电子显微镜观察，加速电压为200kV，先在低放大倍数下寻找薄区及界面，再在高放大倍数下获取高分辨率透射电子显微镜图像，用 794 型 1k×1k 慢扫描 CCD（Gatan公司）采集得到数字电子显微镜图像，用 Digital Micrograph 3.10.1（Gatan 公司）及 GPA Phase v3.0（HREM Research 公司）软件进行图像处理及应变场分析。

4.3.2　结果与讨论

图 4-1 是沿 $[1\bar{1}0]$ 晶带轴方向观察到的 Ge/Si 异质结构界面区域的高分辨率透射电子显微镜图像，其中靠上区域是 Ge 薄膜，靠下区域是 Si 基底。从图 4-1 中可以看出，在 Ge/Si 界面的多个区域有明显的晶格畸变，为失配位错。图 4-1 中界面处的白色箭头所指的是位错芯。图 4-1 中插入的图像是高分辨率透射电子显微镜图像的快速傅里叶变换（Fast Fourier Transform，FFT）图样。可以看出，FFT 图样中的衍射斑点是分立成对的（如 220 的两条白线所示），它们分别对应于 Si 和 Ge 晶体。从 FFT 图中的中心点"000"到衍射点对"220"的距离差可估算出 Si 和 Ge 的晶格常数差大约为 4%，这与 Si 和 Ge 之间的晶格失配接近，表明 Ge 薄膜的晶格失配应变完全弛豫了。

取 x 轴平行于 $[110]$ 方向，y 轴平行于 $[001]$ 方向，采用几何相位分析方法测定 Ge/Si 异质结构界面的全场应变。为了分析掩模大小对几何相位分析方法测定结果的影响，图 4-2 给出了不同掩模大小情况下几何相位分析方法测定的 Ge/Si 异质结构界面应变 ε_{xx} 的分布。图 4-2 中应变场的变化范围如颜色条所示，最大应变为 +15%，对应

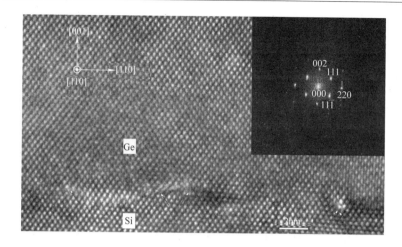

图 4-1　Ge/Si 异质结构界面区域的高分辨率透射电子显微镜图像

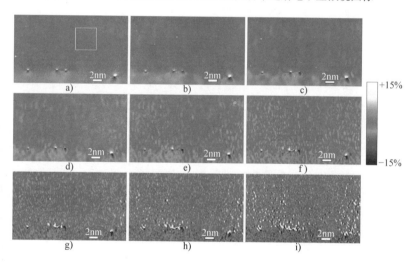

图 4-2　不同掩模大小情况下几何相位分析方法测定的 Ge/Si 异质

结构界面的 ε_{xx} 应变场（彩图见文后插页）

a）掩模半径为 $0.1g$　b）掩模半径为 $0.2g$　c）掩模半径为 $0.3g$

d）掩模半径为 $0.4g$　e）掩模半径为 $0.5g$　f）掩模半径为 $0.6g$

g）掩模半径为 $0.7g$　h）掩模半径为 $0.8g$　i）掩模半径为 $0.9g$

注：g 为倒格矢的模。

于白色，最小应变为 -15% ，对应于黑色，其他应变值介于 $+15\%$ 与 -15% 之间。从图 4-2 中可以看出，在位错芯附近存在明显的 "8" 字形应变场收敛区域。图 4-2 中靠上区域（Ge 区）为拉伸应变，靠下区域（Si 区）为压缩应变。从图 4-2 还可以看出，随着掩模半径的增加，几何相位分析方法测定结果的平滑性越来越差。

为了确定恰当的掩模大小，图 4-3a 和图 4-3b 分别给出了参考区即未变形区（图 4-2a 中的方框区）在不同掩模大小情况下的应变 ε_{xx} 的平均值和标准偏差。从图 4-3a 可以看出，当掩模半径小于 $0.5g$ 时， ε_{xx} 的平均值比较小而且变化不大，但是当掩模半径大于 $0.5g$ 时，随着掩模半径的增加， ε_{xx} 的平均值迅速增加。从图 4-3b 可以看出，随着掩模半径的增加， ε_{xx} 的标准偏差也在逐渐增加。当掩模半径为 $0.4g$ 时， ε_{xx} 的标准偏差已经达到 0.008。从图 4-2 可以看出，当掩模半径大于 $0.5g$ 时，应变图中的图像伪影变得非常明显，此时 ε_{xx} 的标准偏差也比较大。这些图像伪影主要是由噪声引起的。在高分辨率透射电子显微镜图像中，电子源、样品（厚度、表面粗糙度、非晶层、表面污染等）及探测器等均可引入噪声。增大掩模半径会使噪声增大，因此应变图中的伪影就会增加。另一方面，减小掩模半

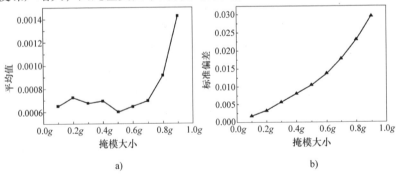

图 4-3　不同掩模大小情况下参考区应变 ε_{xx} 的平均值和标准偏差

a）ε_{xx} 的平均值随掩模大小的变化　b）ε_{xx} 的标准偏差随掩模大小的变化

径会使噪声减小，但图像的空间分辨率会下降。综合考虑空间分辨率和精度，几何相位分析方法中的掩模半径应该介于 $0.2g$ 和 $0.4g$ 之间。

4.4　本章小结

本章详细分析了几何相位分析方法的基本原理，并给出了几何相位分析方法定量分析局部应变的具体步骤。目前，几何相位分析方法主要用于对高分辨率透射电子显微镜图像进行应变场测定。实际上，该方法可以应用到任意具有周期性网格的图像中。

通过采用几何相位分析方法测定 Ge/Si 异质结构界面的全场应变，分析了掩模大小对几何相位分析方法测定结果的影响。掩模大小是几何相位分析方法定量分析应变过程中的一个重要参数。增大掩模半径，会增加应变图中的伪影；减小掩模半径，可减小图像噪声，提高图像的平滑度，但图像的空间分辨率会下降。综合考虑空间分辨率和精度，几何相位分析方法分析中掩模的半径应该介于 $0.2g$ 和 $0.4g$ 之间。

第 5 章 ▶ ▶ ▶ ▶ ▶

5A05 铝合金微裂纹尖端应变场原位实验研究

本章将对 5A05 铝合金进行原位扫描电子显微镜三点弯曲实验，分析 5A05 铝合金中微裂纹的萌生及扩展，采用几何相位分析方法测定 5A05 铝合金微裂纹尖端的微米尺度应变场，并与数字图像相关方法的测定结果进行比较，检验用几何相位分析方法定量分析原位扫描电子显微镜图像的可行性。

5.1 实验方法

5.1.1 几何相位分析方法

参见本书 4.1 节。

5.1.2 数字图像相关方法

数字图像相关方法的基本原理是利用变形前后图像上的散斑灰度特征，在变形前后的图像上建立起对应关系，然后根据此对应关系，寻找变形前后图像上的对应点，从而得到其位移值。

变形前的数字散斑图像可表示为

$$F = \{f(x,y) \mid x = 1,2,3,\cdots,m; y = 1,2,3,\cdots,n\} \qquad (5\text{-}1)$$

式（5-1）中 $m \times n$ 为图像的像素。

变形后的数字散斑图像可表示为

$$G = \{g(x,y) \mid x = 1,2,3,\cdots,m; y = 1,2,3,\cdots,n\} \tag{5-2}$$

对于变形前图像中某一点 $f(x,y)$ 的坐标 (x,y)，在变形后图像中的坐标变为 (x^*,y^*)。二者的关系为

$$\begin{cases} x^* = x + u(x,y) \\ y^* = y + v(x,y) \end{cases} \tag{5-3}$$

式 (5-3) 中 u, v 分别为像素点 $f(x, y)$ 的水平位移和垂直位移。

如果忽略采集图像时的噪声影响，变形前后两点的图像灰度值应保持不变，即

$$f(x,y) = g(x^*,y^*) \tag{5-4}$$

在多数情况下，仅通过在变形后的图像中搜索比较一个像素点的灰度值并不能确定出哪个像素点是变形后的像素点。为此，在变形前的图像中围绕点 $f(x, y)$ 采集一小块 $m \times n$ 像素大小的区域 S 作为散斑点，即 $S \subset F$，则在变形后的图像中可以找到一块同样像素大小的区域 $D \subset G$ 与之匹配，其中心点为 $g(x^*, y^*)$。

搜索变形后散斑点位置的关键是判断变形前后两个图像子区是否匹配。根据统计学原理，两图像子区的相似程度可用它们之间的相关系数 C 来衡量，其定义如下[216]：

$$C = \frac{\left\{ \sum \sum [f(x,y) - \bar{f}][g(x,y) - \bar{g}] \right\}^2}{\sum \sum [f(x,y) - \bar{f}]^2 \sum \sum [g(x,y) - \bar{g}]^2} \tag{5-5}$$

式 (5-5) 中 $\bar{f}$, $\bar{g}$ 分别为 $f(x, y)$ 和 $g(x^*, y^*)$ 的平均值。

测量过程是通过试凑位移法在变形后的图像上移动子区域计算两个图像子区的相关系数来实现的。使相关系数 C 取最大值的两个图像子区就是匹配的，进而就可以确定试样表面的位移和应变。

5.1.3 试样的制备

本实验材料选用5A05铝合金，用电火花线切割机切取试样，试样形状及尺寸如图5-1所示。为了便于及时观察到裂纹的萌生，用电火花线切割机在试样中部预制一个缺口（深1.00mm，宽0.30mm），以便形成应力集中。试样用W14碳化硅（SiC）粗磨，用W7碳化硼（B_4C）细磨，用W3.5金刚石机械抛光，再经化学抛光消除表面加工损伤和残余应力，最后进行超声波清洗使试样表面达到镜面效果。

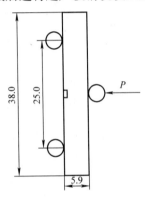

图5-1 试样形状及尺寸（单位为mm）

注：试样厚度为2.65mm。

为了采用几何相位分析方法进行应变场的定量分析，需要在试样表面制作周期性网格。这里采用离子束溅射沉积技术在带模板的5A05铝合金试样表面沉积一层金薄膜来实现试样表面周期性网格的制作。首先，将试样表面缺口根部附近用透射电子显微镜样品用的英国Gilder Grids公司生产的G2000HS型2000目方孔铜载网（孔间距为12.5μm，线宽为6μm）覆盖，并用碳胶将铜载网的边缘粘到试样表面上，使铜载网与试样表面之间均匀紧密接触。然后，将试样放入日本JEOL公司生产的JFC – 1600型离子溅射仪（见图5-2）沉积一层金薄膜，溅射时间为 60s。最后，将试样从离子溅射仪中取出，再揭掉试样表面的铜载网。试样表面经离子溅射沉积后，铜网线下面的区域没有金薄膜，而铜网线之间的区域则覆盖有金薄膜，这样就把铜载网的周期性网格图形转移到了试样表面。

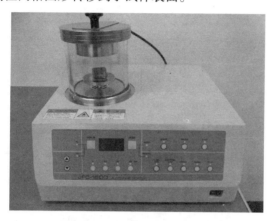

图 5-2　JFC-1600 型离子溅射仪

保证铜载网与试样表面之间紧密而且平整地接触是在试样表面获得强度均匀而且清晰的周期性网格图形的关键。如果两者接触不紧密，铜网线下面就会沉积金薄膜，这样试样表面的网格图形就会强度不均匀或者模糊。由于铜载网非常薄（铜载网厚度为 $25\mu m$，铜网孔直径为 $3mm$），非常轻，很容易损坏，因此操作及移动铜载网时要特别小心。为了保证溅射沉积金膜时铜载网与试样表面之间接触良好，可以用碳胶将铜载网的边缘小心地粘到试样表面上，然后再滴一滴无水乙醇，待乙醇挥发之后，铜载网就会紧密地粘在试样表面上了。

5.1.4 · 原位扫描电子显微镜三点弯曲实验

原位扫描电子显微镜三点弯曲实验在日本日立公司生产的 S-3400N 型扫描电子显微镜上进行。该扫描电子显微镜配有英国 Deben

UK 公司生产的三点弯曲实验装置（见图 5-3），其最大位移量为 10mm，最大载荷为 2kN，该装置位于扫描电子显微镜的真空工作室内。将试样水平放置到三点弯曲实验装置上，保持试样在视场中心，实验温度为室温，外加载荷从零开始，采用位移控制，压头加载速率为 8.33μm/s，直到试样破坏为止。

图 5-3　三点弯曲实验装置

在三点弯曲实验的整个过程中，采用扫描电子显微镜原位观察裂纹的萌生及扩展并拍照记录。本实验关注的是试样的成分衬度，因此选择扫描电子显微镜的成像模式为背散射电子成像（Backscattered Electronic Imaging，BEI）模式。扫描电子显微镜拍照的放大倍数为 40 倍，分辨率为 2560 像素×1920 像素，空间分辨率为 1.24069μm/像素。图像处理及应变场分析使用 Digital Micrograph 3.10.1（Gatan 公司）软件、GPA Phase v3.0（HREM Research 公司）插件及数字图像相关方法软件 Vic－2009（Correlated Solutions 公司）。

5.2　结果与讨论

5.2.1　微裂纹萌生及扩展分析

5A05 铝合金中裂纹萌生及扩展情况如图 5-4a 所示。图 5-4a 给

出了三点弯曲实验加载前缺口附近区域的形貌，可以清楚地看到缺口
根部及其附近微米尺度的周期性网格。图 5-4b 和图 5-4c 分别是载荷
增加到 150N 和 200N 时缺口根部附近的扫描电子显微镜图像，可以
看出，在加载初期，缺口根部及其附近的网格无明显变形。

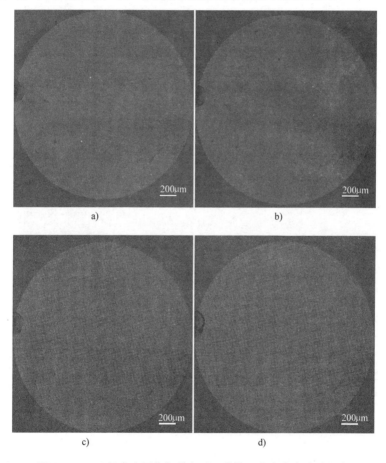

图 5-4　5A05 铝合金原位扫描电子显微镜三点弯曲实验过程中

不同载荷下缺口附近的扫描电子显微镜照片

a）加载前（0N）　b）载荷上升到 150N 时　c）载荷上升到 200N 时

d）裂纹萌生时（载荷增到 240N）

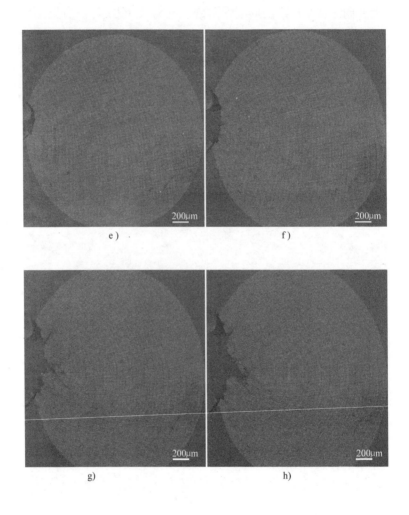

图 5-4　5A05 铝合金原位扫描电子显微镜三点弯曲实验过程中

不同载荷下缺口附近的扫描电子显微镜照片（续）

e）载荷增到 350N 时　f）载荷增到最大值 420N 时

g）载荷下降到 390N 时　h）载荷下降到 370N 时

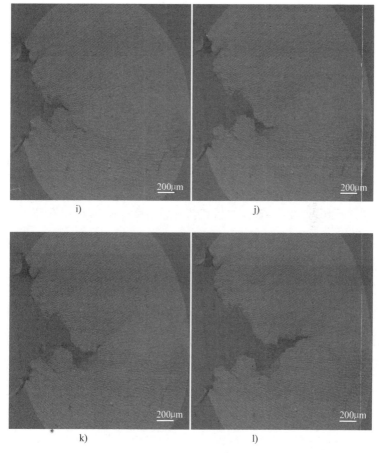

图 5-4 5A05 铝合金原位扫描电子显微镜三点弯曲实验过程中

不同载荷下缺口附近的扫描电子显微镜照片（续）

i）载荷下降到 350N 时 j）载荷下降到 310N 时

k）载荷下降到 290N 时 l）载荷下降到 260N 时

载荷继续增加到 240N 时，在缺口右下方且与水平方向约成 45°
角方向的根部某点萌生裂纹（见图 5-4d），与加载前（见图 5-4a）
相比，缺口根部明显被拉伸。随着载荷的进一步增加（见图 5-4e），缺口效应引起根部多处尖锐位置产生较高应力，这些位置处的应力集中达到材料的断裂强度时，促使新的裂纹萌生。图5-4f是载荷最大时（载荷为420N）的扫描电子显微镜图像，可以看到缺口根部严重变形，缺口根部附近的网格严重扭曲，网格覆盖区在纵向（竖直方向）拉长，在横向（水平方向）缩短，网格覆盖区由最初的圆形变成了椭圆形，与图5-4e所示的相比，缺口根部多处位置的微裂纹增宽并向右方略有扩展，尤其是缺口根部中间位置处的微裂纹最为明显。

加载到最大载荷420N之后载荷开始下降。图5-4g是载荷下降到390N时的扫描电子显微镜图像，可以看到缺口根部中间位置处的微裂纹向缺口右下方且与水平方向约成45°角的方向迅速扩展，成为主裂纹；同时，缺口根部的右上位置处的微裂纹向缺口右上方且与水平方向约成45°角的方向迅速扩展，成为次裂纹。主裂纹扩展速度明显快于次裂纹。此外，从图5-4h～图5-4l可以看出，缺口右上方的次裂纹在之后的加载过程中基本没有向前扩展。图5-4h是载荷下降到370N时的扫描电子显微镜图像，可以看出主裂纹扩展方向由朝右下方转变为朝右上方，之后主裂纹扩展方向又转变为朝右下方（见图5-4i），同时在右下方主裂纹前方的薄弱区某处萌生新的微裂纹。接着主裂纹与其前方萌生的新的微裂纹连接（见图5-4j），扩展方向由朝右下方转变为水平向右。然后，主裂纹扩展方向由水平向右转变为朝右上方（见图5-4k），接着又转变为水平向右（见图5-4l）。可以看出，裂纹扩展形成"Z"字形的曲折路径。在加载末期，裂纹失稳扩展，导致试样最终断裂。

5.2.2 微裂纹尖端应变场分析

为了进一步分析5A05铝合金中微裂纹的形核及扩展机理，采用几何相位分析方法测定三点弯曲实验过程中缺口及裂纹尖端附近的应变场。

图 5-5 和图 5-6 给出了裂纹萌生前缺口附近的平面应变场，其中图 5-5 所示为载荷上升到 150N 时（对应于图 5-4b）缺口附近的平面应变场，图 5-6 所示为载荷上升到 200N 时（对应于图 5-4c）缺口附近的平面应变场，应变场的变化范围如颜色条所示，最大应变为 +25%，对应于白色，最小应变为 -25%，对应于黑色，其他应变值介于 +25% 与 -25% 之间。

从图 5-5a 可以看出，载荷为 150N 时，正应变 ε_{yy} 整体上为零，只有紧靠缺口根部附近有较小的拉伸应变（平均应变为 0.91%）。随着载荷的增加，缺口根部附近的正应变 ε_{yy} 也逐渐增加（见图 5-6a），缺口根部附近在竖直方向处于拉伸状态，但缺口前方大部分区域的正应变 ε_{yy} 仍然比较小。从图 5-6a 可以看到，有两块高应变发射区以与水平方向大约成 45°角的方向出现在缺口上下两侧，高应变发射区的平均应变为 2.25%，应变图整体上是关于缺口呈对称分布的。

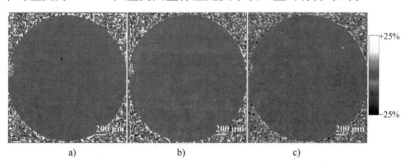

图 5-5 用几何相位分析方法测定的载荷上升到 150N 时（对应于图 5-4b）缺口附近的平面应变场（彩图见文后插页）

a）ε_{yy} 应变场 b）ε_{xx} 应变场 c）ε_{xy} 应变场

从图 5-5b 可以看出，载荷为 150N 时，正应变 ε_{xx} 整体上为零，只有紧靠缺口根部附近有较小的压缩应变（平均应变为 - 0.96%）。随着载荷的增加，缺口根部附近的正应变 ε_{xx} 也逐渐增加（见图 5-6b），缺口根部附近在水平方向处于压缩状态，但缺口前方大部分区域的正应变 ε_{xx} 仍然比较小。从图 5-6b 可以看到，有两块高应变发射区以与水平方向大约成 45°角的方向出现在缺口上下两侧，高应变发射区的平均应变为 - 1.63%，应变图整体上是关于缺口呈对称分布的。

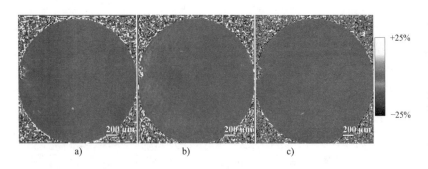

图 5-6 用几何相位分析方法测定的载荷上升到 200N 时（对应于

图 5-4c）缺口附近的平面应变场（彩图见文后插页）

a) ε_{yy} 应变场 b) ε_{xx} 应变场 c) ε_{xy} 应变场

从图 5-5c 和图 5-6c 可以看出，切应变 ε_{xy} 基本为零，随着载荷的增加，切应变 ε_{xy} 的变化不太明显。

图 5-7 给出了裂纹萌生时（对应于图 5-4d）裂纹尖端附近的平面应变场，应变场的变化范围如颜色条所示，最大应变为 +25%，对应于白色，最小应变为 -25%，对应于黑色，其他应变值介于 +25% 与 -25% 之间。图 5-7a 所示为裂纹萌生时正应变 ε_{yy} 的分布，与图 5-6a 比较可以看出，应变图整体上仍是关于缺口呈对称分布的，两块高应变发射区继续增大（平均应变为 3.97%），但该区域的形状和取向基本保持不变。图 5-7b 所示为裂纹萌生时正应变 ε_{xx} 的分布，与图

5-6b 比较可以看出，应变图整体上仍是关于缺口呈对称分布的，两块高应变发射区继续增大（平均应变为 – 3.71%），但该区域的形状和取向基本保持不变。图 5-7c 给出了裂纹萌生时切应变 ε_{xy} 的分布，缺口上方有小部分负应变区域，下方有小部分正应变区域，右上方大部分区域为正应变，右下方大部分区域为负应变，应变图整体上基本是关于缺口呈反对称分布的。

对比图 5-7a、图 5-7b 和图 5-7c 可以看出，正应变 ε_{yy} 和 ε_{xx} 要比切应变 ε_{xy} 大很多，因而应变场主要由正应变 ε_{yy}、ε_{xx} 控制。

图 5-8 和图 5-9 所示分别是采用几何相位分析方法测定的最大载荷为 420N 时（对应于图 5-4f）和载荷下降到 390N 时（对应于图 5-4g）裂纹尖端附近的平面应变场，应变场的变化范围如颜色条所示，最大应变为 +25%，对应于白色，最小应变为 –25%，对应于黑色，其他应变值介于 +25% 与 –25% 之间。将图 5-8a、图 5-9a 与图 5-7a 比较，可以看出，裂纹萌生之后，随着位移的增加及裂纹的扩展，ε_{yy} 应变场的两块高应变发射区迅速增大（图 5-8a 中高应变发射区的平均应变高达 13.66%，图 5-9a 中高应变发射区的平均应变高达 17.25%），但是它们的形状和取向没有改变，仍然是关于缺口呈对称分布的。将图 5-8b、图 5-9b 与图 5-7b 比较，可以看出，ε_{xx} 应变场与 ε_{yy} 应变场有相似的变化规律。将图 5-8c、图 5-9c 与图 5-7c 比较，可以看出，随着位移的增加及裂纹的扩展，切应变 ε_{xy} 也迅速增加，但其仍然基本是关于缺口呈反对称分布的。

将图 5-8、图 5-9 与图 5-7 比较，可以看出，裂纹萌生之后，随着位移的增加及裂纹的扩展，正应变 ε_{yy}、ε_{xx} 和切应变 ε_{xy} 都迅速增加，应变场由正应变 ε_{yy}、ε_{xx} 和切应变 ε_{xy} 共同控制，从而导致裂纹扩展的"Z"字形曲折路径。

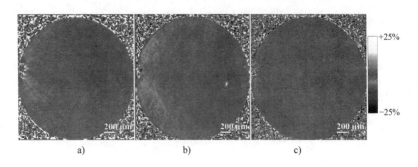

图 5-7　用几何相位分析方法测定的裂纹萌生时（对应于图 5-4d）
裂纹尖端附近的平面应变场（彩图见文后插页）

a）ε_{yy} 应变场　b）ε_{xx} 应变场　c）ε_{xy} 应变场

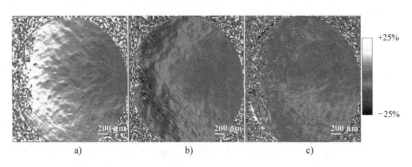

图 5-8　用几何相位分析方法测定的最大载荷为 420N 时（对应于图 5-4f）
裂纹尖端附近的平面应变场（彩图见文后插页）

a）ε_{yy} 应变场　b）ε_{xx} 应变场　c）ε_{xy} 应变场

　　需要注意的是，到目前为止，几何相位分析方法主要应用于对高分辨率透射电子显微镜图像的定量分析。本文通过在试样表面制作周期性网格，将几何相位分析方法应用于扫描电子显微镜图像的定量分析。为了验证用几何相位分析方法定量分析扫描电子显微镜图像的可行性，我们同时采用数字图像相关方法对裂纹萌生时（对应于图5-4d）裂纹尖端附近的平面应变场进行了测定，应变场测定结果如图 5-10 所

示。对比图 5-7 和图 5-10，可以看出，几何相位分析方法的测定结果
与数字图像相关方法的测定结果基本是一致的，这说明本文采用几何
相位分析方法定量分析扫描电子显微镜图像是切实可行的。

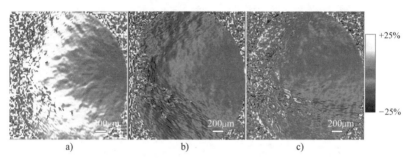

图 5-9　用几何相位分析方法测定的载荷下降到 390N 时（对应于图 5-4g）

裂纹尖端附近的平面应变场（彩图见文后插页）

a）ε_{yy} 应变场　　b）ε_{xx} 应变场　　c）ε_{xy} 应变场

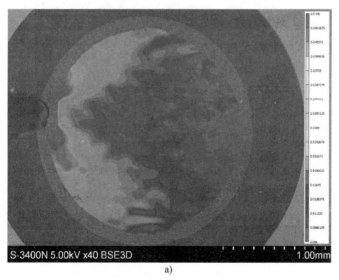

图 5-10　用数字图像相关方法测定的裂纹萌生时（对应于图 5-4d）

裂纹尖端附近的平面应变场（彩图见文后插页）

a）ε_{yy} 应变场

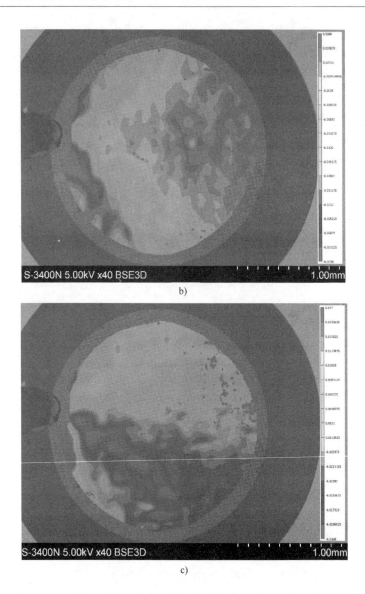

图 5-10　用数字图像相关方法测定的裂纹萌生时（对应于图 5-4d）
裂纹尖端附近的平面应变场（彩图见文后插页）（续）

b）ε_{xx} 应变场　c）ε_{xy} 应变场

5.3　本章小结

本章将原位扫描电子显微镜三点弯曲实验与几何相位分析方法相结合，分析了 5A05 铝合金中微裂纹的扩展及裂纹尖端微米尺度的应变场；以透射电子显微镜样品用的 2000 目方孔铜载网为模板，采用离子溅射沉积技术在 5A05 铝合金表面成功制作了微米尺度的周期性网格；对 5A05 铝合金试样进行了原位扫描电子显微镜三点弯曲实验，并分析了微裂纹的萌生及扩展过程；采用几何相位分析方法测定了不同载荷下裂纹尖端附近的平面应变场，并与数字图像相关方法的测定结果进行了比较。结论如下：

1）通过将透射电子显微镜样品用的铜载网与离子束溅射沉积技术相结合，在 5A05 铝合金试样表面制作微米尺度的周期性网格，首次将几何相位分析方法成功用于扫描电子显微镜图像，并结合原位扫描电子显微镜三点弯曲实验，在微米尺度下分析了动态裂纹尖端的应变场。

2）在缺口右下方且与水平方向约成 45°角方向的根部某点萌生裂纹。随着载荷的进一步增加，缺口效应引起根部多处尖锐位置产生较高应力，在这些位置处的应力集中达到材料的断裂强度时，促使新的裂纹萌生。随着位移的增加及裂纹的扩展，在主裂纹前方的薄弱区某处萌生新的微裂纹，随后主裂纹与其前方萌生的新的微裂纹连接并继续扩展，形成 "Z" 字形的曲折路径。在加载末期，裂纹失稳扩展，导致试样最终断裂。

3）在裂纹萌生前，正应变 ε_{yy} 在缺口根部附近大于零，在竖直方向处于拉伸状态，有两块高应变发射区以与水平方向大约成 45°角的方向出现在缺口上下两侧，应变图整体上是关于缺口呈对称分布的；随着载荷的增加，ε_{yy} 也逐渐增加，但其分布形状和取向保持不变。

正应变 ε_{xx} 在缺口根部附近小于零,在水平方向处于压缩状态,有两块高应变发射区以与水平方向大约成 45° 角的方向出现在缺口上下两侧,应变图整体上关于缺口呈对称分布;随着载荷的增加,ε_{xx} 也逐渐增加,但其分布形状和取向保持不变。切应变 ε_{xy} 基本为零,随着载荷的增加,切应变 ε_{xy} 的变化不太明显。

4)当裂纹萌生时,正应变 ε_{yy} 关于缺口仍然呈对称分布,竖直方向拉伸效应进一步加强。正应变 ε_{xx} 关于缺口仍然呈对称分布,水平方向压缩效应进一步加强。切应变 ε_{xy} 在缺口上方有小部分负应变区域,下方有小部分正应变区域,右上方大部分区域为正应变,右下方大部分区域为负应变,基本上关于缺口呈反对称分布。正应变 ε_{yy}、ε_{xx} 要比切应变 ε_{xy} 大很多,因此,应变场主要由正应变 ε_{yy} 和 ε_{xx} 控制。

5)在裂纹扩展过程中,随着位移的增加及裂纹的扩展,正应变 ε_{yy}、ε_{xx} 和切应变 ε_{xy} 都迅速增加,但它们的分布形状、取向及对称性保持不变。应变场由正应变 ε_{yy}、ε_{xx} 和切应变 ε_{xy} 共同控制,从而导致了裂纹扩展的"Z"字形曲折路径。

第 6 章 ▶ ▶ ▶ ▶ ▶

多晶钼微裂纹尖端应变场
原位实验研究

本章将对多晶钼片进行原位扫描电子显微镜单轴拉伸实验，分析多晶钼中微裂纹的萌生及扩展，采用几何相位分析方法研究多晶钼中动态裂纹尖端微米尺度的应变场，并与线弹性理论解进行比较，检验线弹性断裂力学理论预测的合理性，探索裂纹动态扩展的机理，并为断裂力学的发展提供重要的实验数据。

6.1 理论模型

根据 I 型裂纹尖端应力场分布及完全弹性的各向同性体内的胡克定律，可以推导出 I 型裂纹尖端的应变场分布。

如 2.3 节所述，I 型裂纹尖端应力场为

$$
\begin{cases}
\sigma_{xx} = \dfrac{K_{\mathrm{I}}}{\sqrt{2\pi r}}\cos\dfrac{\theta}{2}\left(1 - \sin\dfrac{\theta}{2}\sin\dfrac{3\theta}{2}\right) \\[2ex]
\sigma_{yy} = \dfrac{K_{\mathrm{I}}}{\sqrt{2\pi r}}\cos\dfrac{\theta}{2}\left(1 + \sin\dfrac{\theta}{2}\sin\dfrac{3\theta}{2}\right) \\[2ex]
\sigma_{xy} = \dfrac{K_{\mathrm{I}}}{\sqrt{2\pi r}}\cos\dfrac{\theta}{2}\sin\dfrac{\theta}{2}\cos\dfrac{3\theta}{2} \\[2ex]
\sigma_{zz} = 0\ (\text{平面应力}) \\[2ex]
\sigma_{zz} = \nu(\sigma_{xx} + \sigma_{yy}) = \dfrac{K_{\mathrm{I}}}{\sqrt{2\pi r}}\,2\nu\cos\dfrac{\theta}{2}\,(\text{平面应变})
\end{cases}
\tag{6-1}
$$

平面应力状态下的胡克定律为

$$\begin{cases} \varepsilon_{xx} = \dfrac{1}{E}(\sigma_x - \nu\sigma_y) \\[2mm] \varepsilon_{yy} = \dfrac{1}{E}(\sigma_y - \nu\sigma_x) \\[2mm] \varepsilon_{xy} = \dfrac{1+\nu}{E}\sigma_{xy} \end{cases} \tag{6-2}$$

平面应变状态下的胡克定律为

$$\begin{cases} \varepsilon_{xx} = \dfrac{1-\nu^2}{E}\left(\sigma_x - \dfrac{\nu}{1-\nu}\sigma_y\right) \\[2mm] \varepsilon_{yy} = \dfrac{1-\nu^2}{E}\left(\sigma_y - \dfrac{\nu}{1-\nu}\sigma_x\right) \\[2mm] \varepsilon_{xy} = \dfrac{1+\nu}{E}\sigma_{xy} \end{cases} \tag{6-3}$$

将式（6-1）分别代入式（6-2）和式（6-3），可得平面应力状态下 I 型裂纹尖端应变场为

$$\begin{cases} \varepsilon_{xx} = \dfrac{1}{E}\dfrac{K_I}{\sqrt{2\pi r}}\cos\dfrac{\theta}{2}\left[(1-\nu) - (1+\nu)\sin\dfrac{\theta}{2}\sin\dfrac{3\theta}{2}\right] \\[2mm] \varepsilon_{yy} = \dfrac{1}{E}\dfrac{K_I}{\sqrt{2\pi r}}\cos\dfrac{\theta}{2}\left[(1-\nu) + (1+\nu)\sin\dfrac{\theta}{2}\sin\dfrac{3\theta}{2}\right] \\[2mm] \varepsilon_{xy} = \dfrac{1+\nu}{E}\dfrac{K_I}{\sqrt{2\pi r}}\cos\dfrac{\theta}{2}\sin\dfrac{\theta}{2}\cos\dfrac{3\theta}{2} \end{cases} \tag{6-4}$$

平面应变状态下 I 型裂纹尖端应变场为

$$\begin{cases} \varepsilon_{xx} = \dfrac{1-\nu^2}{E}\dfrac{K_I}{\sqrt{2\pi r}}\cos\dfrac{\theta}{2}\left[\left(1-\dfrac{\nu}{1-\nu}\right) - \left(1+\dfrac{\nu}{1-\nu}\right)\sin\dfrac{\theta}{2}\sin\dfrac{3\theta}{2}\right] \\[2mm] \varepsilon_{yy} = \dfrac{1-\nu^2}{E}\dfrac{K_I}{\sqrt{2\pi r}}\cos\dfrac{\theta}{2}\left[\left(1-\dfrac{\nu}{1-\nu}\right) + \left(1+\dfrac{\nu}{1-\nu}\right)\sin\dfrac{\theta}{2}\sin\dfrac{3\theta}{2}\right] \\[2mm] \varepsilon_{xy} = \dfrac{1+\nu}{E}\dfrac{K_I}{\sqrt{2\pi r}}\cos\dfrac{\theta}{2}\sin\dfrac{\theta}{2}\cos\dfrac{3\theta}{2} \end{cases} \tag{6-5}$$

以上各式中 K_I 为 I 型裂纹的应力强度因子, E 为杨氏模量, ν 为泊松比。

式（6-4）和式（6-5）即为基于线弹性断裂力学理论的 I 型裂纹尖端理论应变场公式。

对于有限宽单边缺口试样, I 型裂纹的应力强度因子 K_I 可用公式确定为

$$K_I = \frac{P}{Wh} \sqrt{\pi a} f\left(\frac{a}{W}\right) \tag{6-6}$$

式（6-6）中 P 为拉伸载荷; h 为试样厚度; $f\left(\dfrac{a}{W}\right)$ 为几何修正因子, 与裂纹长度 a 和试样宽度 W 的比值 $\dfrac{a}{W}$ 有关。有限宽单边缺口试样在 I 型载荷情况下, 几何修正因子 $f\left(\dfrac{a}{W}\right)$ 的经验公式[40]为

$$f\left(\frac{a}{W}\right) = 1.99 - 0.41 \frac{a}{W} + 18.70 \left(\frac{a}{W}\right)^2 - 38.48 \left(\frac{a}{W}\right)^3 + 53.85 \left(\frac{a}{W}\right)^4$$

$$\tag{6-7}$$

这里, 我们用式（6-4）、式（6-6）和式（6-7）来描述有限宽单边缺口试样的 I 型裂纹尖端理论应变场。

6.2　实验方法

6.2.1　几何相位分析方法

参见本书4.1节。

6.2.2　试样的制备

本实验材料选用多晶钼片, 其杨氏模量 $E = 56.8\text{GPa}$, 泊松比 ν 为

0.31。用电火花线切割机切取板状试样，试样形状及尺寸如图 6-1 所示。为了便于及时观察到裂纹的萌生，用电火花线切割机在试样中部预制一个缺口（深 1.28mm，宽 0.2mm，缺口尖端直径为 0.20~0.25mm），以便形成应力集中。试样用 W14 碳化硅（SiC）粗磨，用 W7 碳化硼（B_4C）细磨，用 W3.5 金刚石机械抛光，再经化学抛光消除表面加工损伤和残余应力，最后进行超声波清洗使试样表面达到镜面效果。为了采用几何相位分析方法进行应变场定量分析，需要在试样表面制作周期性网格。这里以透射电子显微镜样品用的 2000 目方孔铜载网为模板，采用离子溅射沉积技术在多晶钼片表面上制作微米尺度的周期性网格（制作网格所用设备、材料及制作过程详见本书 5.1.3 节）。

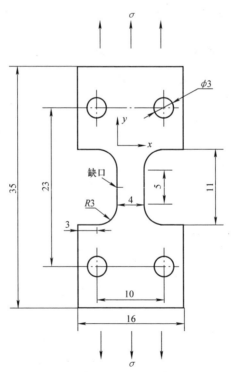

图 6-1　试样形状及尺寸（单位为 mm）

注：试样厚度为 0.5mm。

6.2.3　原位扫描电子显微镜单轴拉伸实验

原位扫描电子显微镜单轴拉伸实验在日本日立公司生产的 S - 3400N 型扫描电子显微镜上进行。该扫描电子显微镜配有英国 Deben UK 公司生产的精密实验拉伸台（见图 6-2），其最大位移量为 10mm，最大载荷为 2kN，该装置位于扫描电子显微镜的真空工作室内。将试样水平放置到拉伸台上，两端用一对夹具把试样夹紧，保持试样在视场中心，试验温度为室温，外加单轴拉伸载荷从零开始，采用位移控制，加载速率为 3.33μm／s，直到试样断裂。

图 6-2　Deben 公司生产的精密实验拉伸台

在单轴拉伸实验的整个过程中，采用扫描电子显微镜原位观察裂纹的萌生及扩展并拍照记录。本实验关注的是试样的成分衬度，因此选择扫描电子显微镜的成像模式为背散射电子成像模式。扫描电子显微镜拍照的像素分辨率为 960 像素 × 1280 像素，最终获得了整个单轴拉伸实验过程的一系列扫描电子显微镜照片。图像处理及应变场分析使用 Digital Micrograph 3.10.1（Gatan 公司）软件以及 GPA Phase v3.0（HREM Research 公司）插件。

6.3 结果与讨论

多晶钼原位电子显微镜单轴拉伸实验过程中的载荷-位移曲线如图 6-3 所示。图 6-3 中的 a 点表示单轴拉伸实验前（即载荷为 0N 时）的某一状态，b 点表示裂纹萌生前的某一状态，c 点表示裂纹萌生时的某一状态，d 点表示拉伸载荷下降后的某一状态。

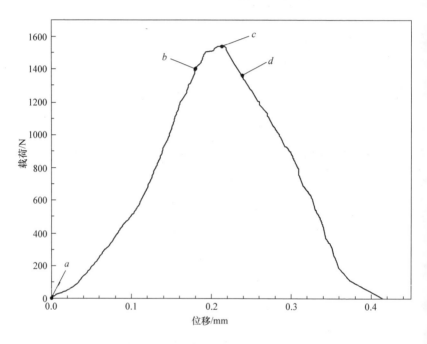

图 6-3　多晶钼原位扫描电子显微镜单轴拉伸实验过程中的载荷-位移曲线

图 6-4a、图 6-4b、图 6-4c 和图 6-4d 分别对应于图 6-3 中 a、b、c 和 d 点的扫描电子显微镜背散射电子图像。图 6-4a 的放大倍数是 40 倍（对应的空间分辨率为 2.48139μm/像素），图 6-4b、图 6-4c 和图 6-4d 的放大倍数都是 65 倍（对应的空间分辨率为 1.52439μm/像素）。图 6-4a 所示为单轴拉伸实验前单边缺口附近区域的形貌，可以

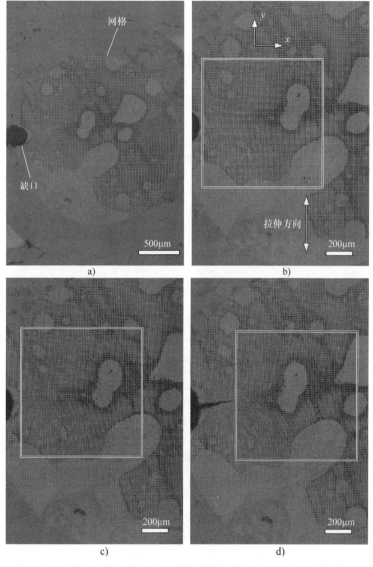

图 6-4　多晶钼原位扫描电子显微镜单轴拉伸实验过程中不同载荷下

缺口附近的扫描电子显微镜图像

a）图 6-3 中 a 点图像　b）图 6-3 中 b 点图像

c）图 6-3 中 c 点图像　d）图 6-3 中 d 点图像

清楚地看到缺口根部和微米尺度的周期性网格。图 6-4b 给出了裂纹萌生前缺口根部附近的扫描电子显微镜图像，可以清楚地看到拉伸的缺口根部和发生变形的网格。当载荷达到最大值时，裂纹萌生于预制缺口根部（见图 6-4c）。图 6-4d 所示为载荷下降阶段缺口根部附近的扫描电子显微镜图像。从图 6-4c 到图 6-4d，裂纹向前扩展了 298.8μm，而且裂纹主要是垂直于拉伸方向扩展的。

为了进一步分析多晶钼的断裂机理，采用几何相位分析方法测定了单轴拉伸实验过程中裂纹尖端前方附近的应变场，关注的区域为图 6-4b、图 6-4c 和图 6-4d 中的矩形框区域，矩形框区域大小为 929.88μm × 949.70μm。图 6-5a、图 6-5b、图 6-5c，图 6-6a、图 6-6b、图 6-6c，图 6-7a、图 6-7b、图 6-7c 分别给出了图 6-4b、图 6-4c 和图 6-4d 中矩形框区域的实验应变场，应变场的变化范围如颜色条所示，最大应变为 +15%，对应于白色，最小应变为 −15%，对应于黑色，其他应变值介于 +15% 与 −15% 之间。

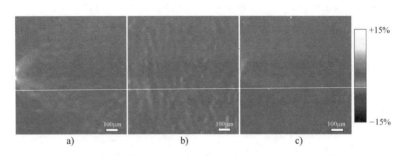

图 6-5　图 6-4b 中矩形框区域的实验应变场（彩图见文后插页）

a）实验 ε_{yy} 应变场　b）实验 ε_{xx} 应变场　c）实验 ε_{xy} 应变场

图 6-5a 给出了裂纹萌生前的正应变 ε_{yy} 分布。从图 6-5a 中可以看出，缺口前方附近区域 ε_{yy} 是大于零的，处于拉伸状态，并且有两块高应变发射区以一定角度出现在 x 轴两侧。该区域平均应变为

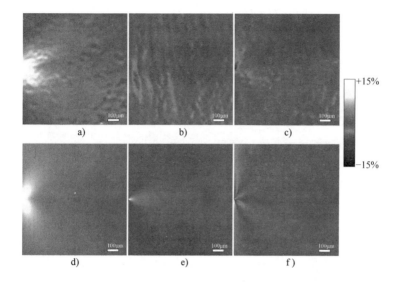

图 6-6 图 6-4c 中矩形框区域的实验应变场和理论应变场（彩图见文后插页）

a）实验 ε_{yy} 应变场 b）实验 ε_{xx} 应变场 c）实验 ε_{xy} 应变场

d）理论 ε_{yy} 应变场 e）理论 ε_{xx} 应变场 f）理论 ε_{xy} 应变场

1.41%。当载荷增加到最大值时，裂纹萌生于预制缺口的根部，相应的正应变 ε_{yy} 分布如图 6-6a 所示。然后，随着裂纹的扩展，ε_{yy} 继续增加（见图 6-7a），该区域平均应变已经达到 8.13%。从图 6-5a、图 6-6a 和图 6-7a 可以看出，随着位移的增加，ε_{yy} 迅速增加，两块高应变发射区逐渐增大，但是它们的形状和取向没有变化。

图 6-5b、图 6-6b 和图 6-7b 分别给出了图 6-4b、图 6-4c 和图 6-4d 中矩形框区域的正应变 ε_{xx} 分布，可以看出，ε_{xx} 基本上是压缩的，只有在裂纹尖端正前方的区域有很小的拉伸应变。随着位移的增加，压缩应变增加，而拉伸应变的变化很小。

图 6-5c、图 6-6c 和图 6-7c 分别给出了图 6-4b、图 6-4c 和图 6-4d 中矩形框区域的切应变 ε_{xy} 分布，可以看出，裂纹尖端的右下方

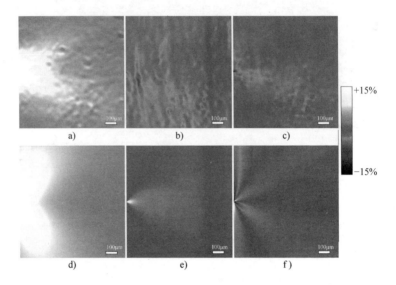

图 6-7　图 6-4d 中矩形框区域的实验应变场和理论应变场（彩图见文后插页）

　　a）实验 ε_{yy} 应变场　b）实验 ε_{xx} 应变场　c）实验 ε_{xy} 应变场

　　d）理论 ε_{yy} 应变场　e）理论 ε_{xx} 应变场　f）理论 ε_{xy} 应变场

区域和上方区域的切应变为负值，只有在裂纹尖端的右上方区域和下方区域有很小的正应变。随着位移的增加，负应变增加，而正应变的变化很小。

　　比较图 6-5a、图 6-5b、图 6-5c，图 6-6a、图 6-6b、图 6-6c，图 6-7a、图 6-7b、图 6-7c，可以看出，正应变 ε_{xx} 和切应变 ε_{xy} 相对比较小，应变场主要由正应变 ε_{yy} 控制，这是因为该裂纹为 I 型裂纹，而且拉伸方向沿着 y 轴方向。因此，正应变 ε_{yy} 在整个断裂过程中起主要作用。

　　为了将实验应变场与线弹性理论解进行比较，图 6-6d ~ f、图 6-7d ~ f 分别给出了图 6-4c 和图 6-4d 中矩形框区域的线弹性理论应变场。通过比较理论应变场和实验应变场可以看出，实验 ε_{xx} 整体上是小于零的，而理论 ε_{xx} 整体上是大于零的，二者差别较大，这可能是由泊松收缩效应引起的。但是，实验 ε_{yy}、ε_{xy} 与相应的理论解吻合得比较好。

为了进一步分析裂纹尖端前方沿着裂纹线方向的变形，从图 6-6a、图 6-6d、图 6-7a 和图 6-7d 中提取了裂纹尖端前方沿着裂纹线方向的实验 ε_{yy} 数据和理论 ε_{yy} 数据，如图 6-8 所示。可以看出，在裂纹尖端前方且沿着裂纹线方向 $25\,\mu m$ 之内，理论值小于实验值，但是裂纹尖端前方且沿着裂纹线方向大于 $25\,\mu m$ 的区域，实验值与理论值符合得很好。

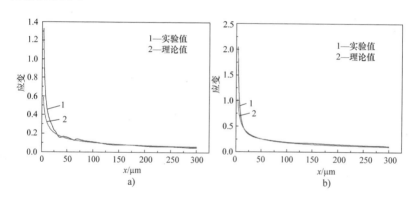

图 6-8　裂纹尖端前方沿着裂纹线方向的实验 ε_{yy} 与理论 ε_{yy}

a）图 6-4c 中矩形框区域　b）图 6-4d 中矩形框区域

6.4　本章小结

本章将原位扫描电子显微镜单轴拉伸实验与几何相位分析方法相结合，分析了多晶钼中的微裂纹扩展和动态裂纹尖端的微米尺度应变场；基于线弹性断裂力学理论，推导了Ⅰ型裂纹在平面应力条件及平面应变条件下的应变场公式；以透射电子显微镜样品用的 2000 目方孔铜载网为模板，采用离子溅射沉积技术在多晶钼片表面成功制作了微米尺度的周期性网格；对多晶钼片试样进行了原位扫描电子显微镜单轴拉伸实验，并分析了多晶钼中微裂纹的萌生及扩展过程；采用几何相位分析方法测定了不同载荷下裂纹尖端附近的微米尺度应变场，并与线弹性理论解进行了比较。结论如下：

1）通过在多晶钼片表面制作微米尺度的周期性网格和进行原位扫描电子显微镜单轴拉伸实验，将几何相位分析方法成功应用于多晶钼单轴拉伸中动态裂纹尖端附近微米尺度应变场的测定。

2）当拉伸载荷增加到最大值时，裂纹萌生于预制缺口根部。在断裂过程中，随着位移的增加，裂纹主要垂直于拉伸方向扩展。

3）缺口前方附近区域正应变 ε_{yy} 是大于零的，处于拉伸状态，并且有两块高应变发射区以一定角度出现在 x 轴两侧。正应变 ε_{xx} 和切应变 ε_{xy} 相对比较小，应变场主要由正应变 ε_{yy} 控制，它在整个断裂过程中起主要作用。随着位移的增加，ε_{yy} 迅速增加，两块高应变发射区逐渐增大，但是它的形状和取向没有变。

4）实验 ε_{xx} 与理论 ε_{xx} 差别较大，这可能是由泊松收缩效应引起的，但是实验 ε_{yy}、ε_{xy} 与相应的理论值吻合得比较好。在裂纹尖端前方且沿着裂纹线方向 $25\,\mu m$ 之内，理论值比实验值小，但是在远离裂纹尖端的区域（$>25\,\mu m$），实验值与理论值符合得很好。

第 7 章 ▶▶▶▶▶

单晶硅微裂纹尖端应变场原位实验研究

近年来，以单晶硅为代表的高附加值材料及其相关高技术产业，成为当代信息技术产业的支柱，并使信息技术产业成为全球经济发展中增长最快的先导产业。单晶硅作为一种极具潜能、亟待开发利用的高科技资源，正受到越来越多的关注和重视。单晶硅片表面层质量直接影响着硅器件的性能、成品率以及寿命。随着集成电路制造技术的飞速发展，人们对单晶硅片表面层质量的要求也日益提高，即要求单晶硅片表面高度平整光洁、几何尺寸均匀、有精确的定向、表面层无任何损伤。但是，在切割、研磨和机械抛光等加工过程中，不可避免地会在单晶硅片表面产生微裂纹，影响下一步的加工处理。

微裂纹的存在会显著降低材料的实际强度，微裂纹的扩展将导致材料或构件破坏。在脆性材料微裂纹尖端力学行为的研究中，多以单晶硅为研究材料。随着微纳米材料科学的不断发展，人们对材料的研究已经从宏观转向微观（细观）及纳观尺度。通常将几百纳米至几十微米的尺度范围称为亚微米尺度。在亚微米尺度下对材料微裂纹尖端力学行为的研究，尤其对加载条件下裂纹尖端应变场以及裂纹扩展的定量研究，具有重要的科学意义和应用前景。本章将原位扫描电子显微镜单轴拉伸实验与几何相位分析方法相结合，分析单晶硅中裂纹尖端的亚微米尺度应变场，并与线弹性理论解进行比较，检验线弹性断裂力学理论预测的合理性，探索裂纹扩展的机理，为断裂力学的发展提供重要的实验数据，并为单晶硅器件的设计、制造提供一定的科学依据。

7.1 理论模型

参见本书6.1节。

7.2 实验方法

7.2.1 几何相位分析方法

参见本书4.1节。

7.2.2 试样的制备

本实验材料选用（001）晶面的单晶硅片，属于金刚石结构。先从厚度为0.2mm，直径为4in（1in=0.0254m）的单面抛光的圆形单晶硅片上用激光划片机切出 $38\text{mm} \times 10\text{mm} \times 0.2\text{mm}$ 的长方形小块，再使用激光切割机在单晶硅片的中心位置预先开一个直径约为 $20\mu\text{m}$ 的圆孔，以便形成应力集中。原位扫描电子显微镜单轴拉伸试样尺寸及晶向如图7-1所示。

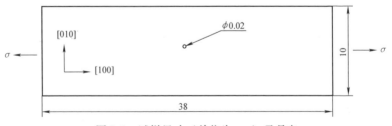

图7-1　试样尺寸（单位为mm）及晶向

注：试样厚度为0.2mm。

为了采用几何相位分析方法对单晶硅裂纹尖端进行变形场定量分析，需要在试样表面制作周期性阵列。这里采用刻蚀工艺在单晶硅片表面制作亚微米尺度的周期性硅柱阵列，具体制作步骤如下：

1）设计亚微米尺度的具有周期性结构的光刻版图形。

2）根据设计的具有周期性结构的光刻版图形，采用电子束光刻技术，选聚甲基丙烯酸甲酯（PMMA）作为抗蚀剂，通过旋胶、前烘、曝光、显影、坚膜等一系列工艺过程，在单晶硅片表面形成光刻版图形。所采用的设备为德国 Raith 公司生产的 Raith150 电子束光刻系统。

3）在光刻版图形下对单晶硅片进行感应耦合等离子体（Inductively Coupled Plasma，ICP）刻蚀，在单晶硅片表面形成所需的亚微米尺度的周期性硅柱阵列。所采用的设备为法国 Alcatel 公司生产的 Alcatel 601E ICP 干法刻蚀设备，刻蚀气体为 SF_6 和 O_2，钝化气体是 C_4F_8。

图 7-2 给出了单晶硅片表面周期性硅柱阵列的扫描电子显微镜图像，可以看出硅柱以 400nm 为周期规则有序地排列着，硅柱的高度是 519nm。

a)   b)

图 7-2   硅柱阵列的扫描电子显微镜图像

a）顶视图   b）侧视图

7.2.3 原位扫描电子显微镜单轴拉伸实验

原位扫描电子显微镜单轴拉伸实验在日本日立公司生产的 S – 3400N 型扫描电子显微镜上进行。该扫描电子显微镜配有英国 Deben UK 公司生产的精密实验拉伸台（拉伸台具体参数见 6.2.3 节），该装置位于扫描电子显微镜的真空工作室内。将试样水平放置到拉伸台上，两端用一对夹具把试样夹紧，保持试样在视场中心。实验温度为室温，外加应力从零开始，采用位移控制，加载速率为 $0.55\,\mu m/s$。在单轴拉伸实验过程中，一边加载，一边利用扫描电子显微镜观察裂纹扩展并拍照，直至试样断裂。由于该实验关注的是试样的表面形貌衬度，因此选择扫描电子显微镜的成像模式为二次电子成像（Secondary Electronic Imaging，SEI）模式。预制裂纹在圆孔边并垂直于拉伸方向。扫描电子显微镜拍照的放大倍数为 1000 倍，关注区域的面积为 $88.6\,\mu m \times 76.4\,\mu m$，像素分辨率为 1785 像素 × 1538 像素，空间分辨率为 49.65 nm/像素。图像处理及应变场分析使用 Digital Micrograph 3.10.1（Gatan 公司）软件以及 GPA Phase v3.0（HREM Research 公司）插件。

7.3 结果与讨论

图 7-3 所示为在单轴拉伸载荷下单晶硅中微裂纹的扩展情况，在微裂纹前端可以清晰地看到裂纹尖端。参照图 7-3 中的两个标记点可以看出微裂纹在连续地向前扩展。以裂纹尖端为坐标原点，将拉伸方向（[100] 晶向）作为 y 轴，将与拉伸方向垂直的方向（[010] 晶向）作为 x 轴建立坐标系。从图 7-3 中可以看出，随着位移载荷的增加，裂纹主要沿着 x 轴方向（[010] 晶向）扩展（从图 7-3a 到图 7-3b，裂纹向前扩展了 $66.9\,\mu m$；从图 7-3b 到图 7-3c，裂纹向前扩

展了 12.8μm)。

为了分析单晶硅裂纹尖端附近的亚微米尺度应变场,用几何相位分析方法测定裂纹尖端区域(图7-3a 和图7-3c 中的方框区域,方框区域大小为 12.7μm × 12.7μm)的应变场。图 7-4 和图 7-5 分别给出了图 7-3a 和图 7-3c 中方框区域的平面应变场。从图 7-4 和图 7-5 中可以看出,变形仅出现在裂纹尖端附近,正应变 ε_{xx} 和切应变 ε_{xy} 基本为零,应变场主要由正应变分量 ε_{yy} 控制,这是因为拉伸方向沿着 y 轴方向,而且微裂纹是 I 型裂纹。

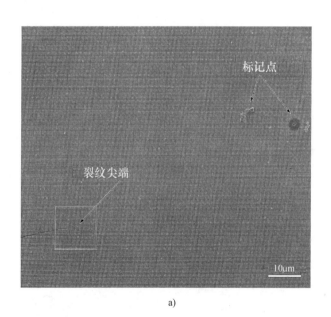

a)

图 7-3　单晶硅原位单轴拉伸实验过程中的扫描电子显微镜图像

a)预制裂纹

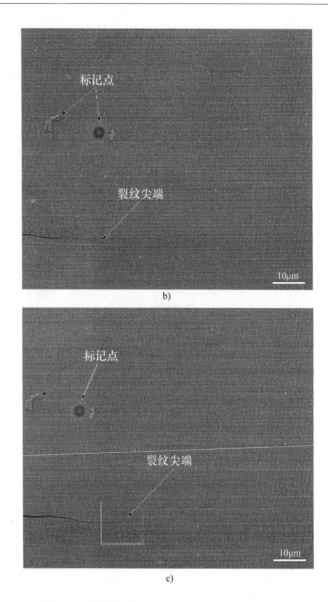

图 7-3　单晶硅原位单轴拉伸实验过程中的扫描电子显微镜图像（续）

b）位移载荷为 1.4895μm　c）位移载荷为 1.6882 μm

根据平面应力状态下 I 型裂纹尖端理论应变场公式

$$\begin{cases} \varepsilon_{xx} = \dfrac{1}{E}\dfrac{K_\mathrm{I}}{\sqrt{2\pi r}}\cos\dfrac{\theta}{2}\Big[(1-\nu)-(1+\nu)\sin\dfrac{\theta}{2}\sin\dfrac{3\theta}{2}\Big] \\[3mm] \varepsilon_{yy} = \dfrac{1}{E}\dfrac{K_\mathrm{I}}{\sqrt{2\pi r}}\cos\dfrac{\theta}{2}\Big[(1-\nu)+(1+\nu)\sin\dfrac{\theta}{2}\sin\dfrac{3\theta}{2}\Big] \quad (7\text{-}1) \\[3mm] \varepsilon_{xy} = \dfrac{1+\nu}{E}\dfrac{K_\mathrm{I}}{\sqrt{2\pi r}}\cos\dfrac{\theta}{2}\sin\dfrac{\theta}{2}\cos\dfrac{3\theta}{2} \end{cases}$$

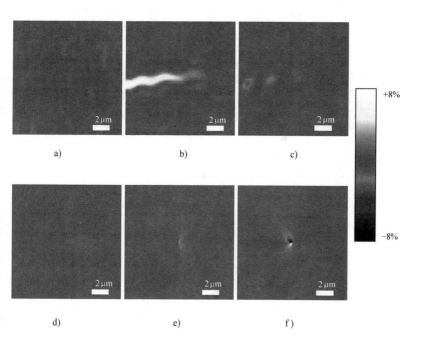

图 7-4　图 7-3a 中方框区域的实验应变场和理论应变场（彩图见文后插页）

　　a）实验 ε_{xx} 应变场　　b）实验 ε_{yy} 应变场　　c）实验 ε_{xy} 应变场

　　d）理论 ε_{xx} 应变场　　e）理论 ε_{yy} 应变场　　f）理论 ε_{xy} 应变场

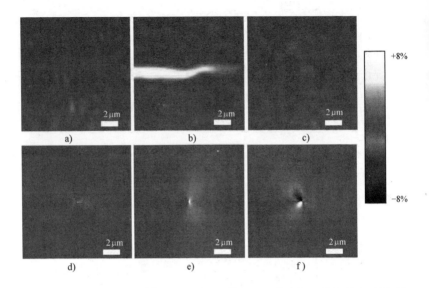

图 7-5　图 7-3c 中方框区域的实验应变场和理论应变场（彩图见文后插页）

a）实验 ε_{xx} 应变场　b）实验 ε_{yy} 应变场　c）实验 ε_{xy} 应变场

d）理论 ε_{xx} 应变场　e）理论 ε_{yy} 应变场　f）理论 ε_{xy} 应变场

可得裂尖前方 x 轴上的 y 向应变为

$$\varepsilon_{yy} = \frac{K_{\mathrm{I}}(1-\nu)}{E\sqrt{2\pi x}} \tag{7-2}$$

式（7-1）和式（7-2）中 E 为杨氏模量，ν 为泊松比，K_{I} 为 I 型裂纹的应力强度因子。

可以利用在远离裂纹尖端区域的实验 ε_{yy} 值与理论 ε_{yy} 值相等来确定应力强度因子 K_{I} 的值。因此，在图 7-4b 中，取 $x = 5.859\mu m$，$\varepsilon_{yy} = 0.216\%$，杨氏模量 $E = 107\mathrm{GPa}$，泊松比 $\nu = 0.3$，代入式（7-2）可得 $K_{\mathrm{I}} = 2.003\mathrm{MPa} \cdot \mathrm{m}^{\frac{1}{2}}$，从而可得线弹性理论应变场如图 7-4d ~ f 所示。同样地，在图 7-5b 中，取 $x = 4.121\mu m$，$\varepsilon_{yy} = 0.663\%$，杨氏模量 $E = 107\mathrm{GPa}$，泊松比 $\nu = 0.3$，代入式（7-2）可得

$K_I = 5.156 \text{MPa} \cdot \text{m}^{\frac{1}{2}}$，从而可得线弹性理论应变场如图 7-5d ~ f 所示。图 7-4 和图 7-5 中应变场的变化范围如颜色条所示，最大应变为 $+8\%$，对应于白色，最小应变为 -8%，对应于黑色，其他应变值介于 $+8\%$ 与 -8% 之间。可以看出，线弹性理论预测结果与实验应变场差别较大。为了进一步分析裂纹尖端前方的变形情况，从图 7-4b、图 7-4e、图 7-5b 和图 7-5e 提取了裂纹尖端前方且沿着裂纹线方向的实验 ε_{yy} 数据和理论 ε_{yy} 数据，分别如图 7-6 和图 7-7 所示。可以看出，在裂纹尖端前方且沿着裂纹线方向 $2\mu m$ 之内，理论值小于实验值。这表明，线弹性断裂力学理论不能描述裂纹尖端区域的变形场，这是因为线弹性断裂力学理论基于连续介质模型，它不适用于亚微米

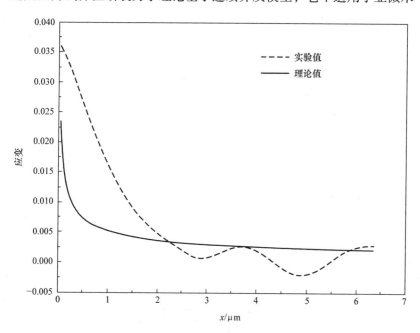

图 7-6　图 7-3a 所示方框区域中裂纹尖端前方且沿着
裂纹线方向的实验 ε_{yy} 值与理论 ε_{yy} 值

尺度下的裂纹尖端附近区域。在远离裂纹尖端的区域（>2μm），实验值与理论值符合得很好。此外，从图7-6可以看出，裂纹尖端前方最大应变为3.63%，当位移载荷增加到1.6882μm时，裂纹尖端前方最大应变达到7.08%（见图7-7）。可见，随着位移载荷的增加，裂纹尖端附近的应变也在逐渐增加。

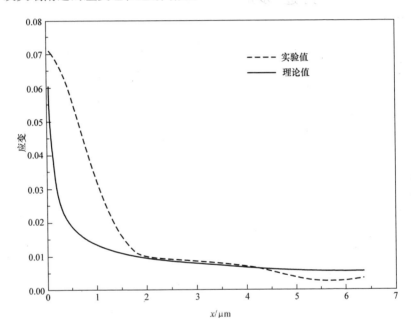

图7-7　图7-3c所示方框区域中裂纹尖端前方且
沿着裂纹线方向的实验 ε_{yy} 值与理论 ε_{yy} 值

7.4　本章小结

本章将原位扫描电子显微镜单轴拉伸实验与几何相位分析方法相结合，分析了单晶硅中动态裂纹尖端的亚微米尺度应变场；采用电子束光刻技术及感应耦合等离子体刻蚀技术在单晶硅片表面成功制作了亚微米尺度的周期性硅柱阵列；对单晶硅片进行了原位扫描电子显微镜单轴拉伸实验；采用几何相位分析方法测定了不同位移载荷下裂纹尖端附近的亚微米尺度应变场，并与线弹性理论解进行了比较，得到如下结论：

1）通过在单晶硅试样表面制作亚微米尺度的周期性硅柱阵列，将几何相位分析方法成功应用于扫描电子显微镜图像，在亚微米尺度下分析了动态裂纹尖端的应变场。

2）变形仅出现在裂纹尖端附近，正应变 ε_{xx} 和切应变 ε_{xy} 基本为零，应变场主要由正应变 ε_{yy} 控制。

3）随着位移载荷的增加，裂纹主要沿着 [010] 晶向（垂直于拉伸方向）扩展，同时裂纹尖端附近的应变也在逐渐增大。

4）在裂纹尖端前方且沿着裂纹线方向 $2\mu m$ 之内，理论值低于实验值，但是在远离裂纹尖端的区域（$>2\mu m$），实验值与理论值符合得很好。

第 8 章

▶ ▶ ▶ ▶ ▶

总结和展望

8.1 总结

对于大多数工程材料和构件来说，都不可避免地存在裂纹，它们可能是材料中本来就有的，也可能是制造加工和使用过程中造成的。裂纹的存在和扩展，降低了结构的承载能力，甚至使之失效。因此，研究材料或构件断裂的机理及规律，控制和减少断裂事故的发生，一直是工程技术人员和材料科学工作者的重要研究课题之一。尽管许多研究者对不同材料的微裂纹力学行为做了大量的研究工作，一些理论、模拟及实验研究也给出了裂纹的许多相关信息，但由于实验设备和技术上的局限，人们对裂纹形核及扩展机制、裂纹尖端的动态变化情况还不明确，许多很有价值的理论工作需要用实验结果进一步验证与支持。对微裂纹的形核、扩展过程以及动态裂纹尖端应变场的高精度实验研究，有助于对断裂机理的理解和发展恰当的断裂准则。

原位扫描电子显微镜实验因可以实时、动态地研究材料在加载时的响应，近年来成为一种非常有效并且直观的断裂研究手段。几何相位分析方法是一种基于高分辨率分析仪器和数字图像处理技术的高精度纳米尺度实验力学测试技术。该方法自 1998 年由 Hytch 等提出以后，经过了多次讨论和完善，已经被大量应用到多层结构及缺陷（如半导体异质结构、纳米颗粒、位错、裂纹尖端等）的应变分析中。

　　本书将原位扫描电子显微镜实验与几何相位分析方法相结合，分析了 5A05 铝合金、多晶钼及单晶硅中微裂纹的萌生及扩展过程，研究了动态裂纹尖端的微米尺度及亚微米尺度应变场。主要结论和创新点如下：

　　1）详细分析了几何相位分析方法的基本原理，并给出了用几何相位分析方法定量分析局部应变的具体步骤；采用几何相位分析方法测定了 Ge/Si 异质结构界面区域的全场应变，分析了掩模大小对几何相位分析方法测定结果的影响。结果表明，增大掩模半径，会增加应变图中的伪影；减小掩模半径，可减小图像噪声，提高图像的平滑度，但图像的空间分辨率会下降。综合考虑空间分辨率和精度，几何相位分析方法分析中的掩模半径应该介于 $0.2g$ 和 $0.4g$ 之间（g 为倒格矢的模）。

　　2）以透射电子显微镜样品用的 2000 目方孔铜载网为模板，采用离子溅射沉积技术在 5A05 铝合金表面成功制作了微米尺度的周期性网格；对 5A05 铝合金试样进行了原位扫描电子显微镜三点弯曲实验，并分析了 5A05 铝合金中微裂纹的萌生及扩展过程；采用几何相位分析方法测定了不同载荷下裂纹尖端附近的微米尺度应变场，并与数字图像相关方法的测定结果进行了比较，得到如下结论：

　　① 通过在 5A05 铝合金试样表面制作微米尺度的周期性网格，首次将几何相位分析方法成功用于扫描电子显微镜图像，在微米尺度下分析了动态裂纹尖端的应变场。

　　② 在缺口右下方且与水平方向约成 45°角方向的根部某点处萌生裂纹。随着载荷的进一步增加，缺口根部多处尖锐位置萌生新的微裂纹。随着位移的增加及裂纹的扩展，在主裂纹前方的薄弱区某处萌生新的微裂纹，随后主裂纹与其前方萌生的新的微裂纹连接并继续扩展，形成 "Z" 字形的曲折路径。在加载末期，裂纹失稳扩展，导致

试样最终断裂。

③ 在裂纹萌生前，正应变 ε_{yy} 在缺口根部附近大于零，在竖直方向处于拉伸状态，有两块高应变发射区以与水平方向大约成 45°角的方向出现在缺口上下两侧，应变图整体上是关于缺口呈对称分布的；随着载荷的增加，ε_{yy} 也逐渐增加，但其分布形状和取向保持不变。正应变 ε_{xx} 在缺口根部附近小于零，在水平方向处于压缩状态，有两块高应变发射区以与水平方向大约成 45°角的方向出现在缺口上下两侧，应变图整体上关于缺口呈对称分布；随着载荷的增加，ε_{xx} 也逐渐增加，但其分布形状和取向保持不变。切应变 ε_{xy} 基本为零，随着载荷的增加，切应变 ε_{xy} 的变化不太明显。

④ 当裂纹萌生时，正应变 ε_{yy} 关于缺口仍然呈对称分布，竖直方向拉伸效应进一步加强。正应变 ε_{xx} 关于缺口仍然呈对称分布，水平方向压缩效应进一步加强。切应变 ε_{xy} 在缺口上方有小部分负应变区域，在缺口下方有小部分正应变区域，在缺口右上方大部分区域为正应变，在缺口右下方大部分区域为负应变，基本上是关于缺口呈反对称分布的。正应变 ε_{yy}、ε_{xx} 要比切应变 ε_{xy} 大很多，因此应变场主要由正应变 ε_{yy}、ε_{xx} 控制。

⑤ 在裂纹扩展过程中，随着位移的增加及裂纹的扩展，正应变 ε_{yy}、ε_{xx} 和切应变 ε_{xy} 都迅速增加，但它们的分布形状、取向及其对称性保持不变。应变场由正应变 ε_{yy}、ε_{xx} 和切应变 ε_{xy} 共同控制，从而导致了裂纹扩展的 "Z" 字形曲折路径。

3）基于线弹性断裂力学理论，推导了 I 型裂纹在平面应力条件及平面应变条件下的应变场公式；以透射电子显微镜样品用的 2000 目方孔铜载网为模板，采用离子溅射沉积技术在多晶钼片表面成功制作了微米尺度的周期性网格；对多晶钼片试样进行了原位扫描电子显微镜单轴拉伸实验，并分析了多晶钼中微裂纹的萌生及扩展过程；采用几何相位分析方法测定了不同载荷下裂纹尖端附近的微米尺度应变场，并与线弹性理论解进行了比较，得到如下结论：

①当拉伸载荷增加到最大值时，裂纹萌生于预制缺口根部。在断裂过程中，随着位移的增加，裂纹主要垂直于拉伸方向扩展。

②正应变 ε_{yy} 大于零，处于拉伸状态，并且有两块高应变发射区以一定角度出现在 x 轴两侧。正应变 ε_{xx} 和切应变 ε_{xy} 相对比较小，应变场主要由正应变 ε_{yy} 控制，它在整个断裂过程中起主要作用。随着位移的增加，ε_{yy} 迅速增加，两块高应变发射区逐渐增大，但是它的形状和取向没有变。

③实验 ε_{xx} 与理论 ε_{xx} 差别较大，这可能是由泊松收缩效应引起的，但是实验 ε_{yy}、ε_{xy} 与相应的理论值吻合得比较好。在裂纹尖端前方且沿着裂纹线方向 $25\mu m$ 之内，理论值比实验值小，在远离裂尖的区域（ $>25\mu m$），实验值与理论值符合得很好。

4）采用电子束光刻技术及感应耦合等离子体刻蚀技术在单晶硅片表面成功制作了亚微米尺度的周期性硅柱阵列；对单晶硅片进行了原位扫描电子显微镜单轴拉伸实验；采用几何相位分析方法测定了不同位移载荷下裂纹尖端附近的亚微米尺度应变场，并与线弹性理论解进行了比较，得到如下结论：

①通过在单晶硅试样表面制作亚微米尺度的周期性阵列，将几何相位分析方法成功地应用于扫描电子显微镜图像，在亚微米尺度下分析了动态裂纹尖端的应变场。

②变形仅出现在裂纹尖端附近，正应变 ε_{xx} 和切应变 ε_{xy} 基本为零，应变场主要由正应变 ε_{yy} 控制。

③随着位移载荷的增加，裂纹主要沿着 [010] 晶向（垂直于拉伸方向）扩展，同时裂纹尖端的附近的应变也在逐渐增大。

④在裂纹尖端前方且沿着裂纹线方向 $2\mu m$ 之内，理论值低于实

验值，但是在远离裂纹尖端的区域（＞2μm），实验值与理论值符合得很好。

8.2 展望

1）本书以透射电子显微镜样品用的2000目方孔铜载网为模板，采用离子溅射沉积技术在5A05铝合金表面和多晶钼表面成功制作了微米尺度的周期性网格，采用电子束光刻技术及感应耦合等离子体刻蚀技术在单晶硅片表面成功制作了亚微米尺度的周期性硅柱阵列，进而采用几何相位分析方法定量分析了裂纹尖端附近的微米尺度及亚微米尺度应变场。若能进一步提出一种在试样表面制作纳米级周期性网格的方法，就可采用几何相位分析方法分析裂纹尖端纳米尺度的应变场，进而可以在纳米尺度检验线弹性断裂力学理论预测的合理性，探索裂纹动态扩展的机理。虽然纳米压印技术可以在样品表面制作纳米尺度的周期性网格，但是目前该技术成本较高。因此，开发一种低成本、工艺简单的纳米尺度周期性网格制作技术是非常有意义的。此外，本书中介绍的亚微米尺度周期性网格制作技术目前只适用于硅、锗等半导体材料，开发一种更具普适性的亚微米尺度周期性网格制作方法是非常必要的。

2）本书为了验证采用几何相位分析方法定量分析扫描电子显微镜图像的可行性，将几何相位分析方法测定的5A05铝合金裂纹萌生时裂纹尖端附近的应变场结果与数字图像相关方法的测定结果进行了比较。数字图像相关方法在室内外环境均可使用，应变测量范围为0.005%～2000%，测量对象的尺寸可以从0.8mm到几十米，原则上只要能获取图像，即可进行应变测量，而且它具有非接触、全场测量、实时性等优势。目前，数字图像相关方法在各领域的应用已经日臻成熟。考虑到目前采用几何相位分析方法定量分析亚微米尺度及纳米尺度应变场时在制作周期性网格方面存在困难，因此可以在试样表面制作亚微米及纳米尺度的无序化散斑，从而可以采用数字图像相关方法来定量分析裂纹尖端附近的亚微米尺度及纳米尺度应变场。

3）本书将几何相位分析方法测定的裂纹尖端附近的微米尺度及亚微米尺度应变场结果与线弹性断裂力学理论预测结果进行了比较，检验了线弹性断裂力学理论预测的合理性，获得了一些有意义的结果。经典的线弹性断裂力学理论是基于连续介质理论的，在微米尺度以上与实验结果符合得很好，能很好地描述裂纹尖端附近的应变场。但是，材料在亚微米尺度及纳米尺度下具有离散性，会体现出尺度效应。为了在亚微米尺度及纳米尺度下验证线弹性断裂力学理论的适用范围，建立新的理论模型，还需要对大量不同材料、不同加载方式的裂纹尖端应变场进行实验测定。

4）本书将原位扫描电子显微镜实验与几何相位分析方法相结合，分析了微裂纹的萌生、扩展过程以及裂纹尖端的应变场，但并未进行断口分析。实际上，断口的形貌包含断裂过程的许多信息，如断裂性质、裂纹走向与扩展特征、材料的组织结构等。将原位扫描电子显微镜实验、裂纹尖端的应变场及断口分析结合起来加以分析，有助于进一步探索微裂纹的萌生及扩展机理。

参 考 文 献

[1] 文尚胜, 彭俊彪. 固体物理简明教程 [M]. 广州: 华南理工大学出版社, 2007.

[2] 黄昆. 固体物理学 [M]. 北京: 高等教育出版社, 1988.

[3] 刘孝敏. 工程材料的微细观结构和力学性能 [M]. 合肥: 中国科学技术大学出版社, 2003.

[4] 王亚男, 陈树江, 董希淳. 位错理论及其应用 [M]. 北京: 冶金工业出版社, 2007.

[5] 赵建生. 断裂力学及断裂物理 [M]. 武汉: 华中科技大学出版社, 2003.

[6] STROH A N. Proceedings of the Royal Society of London. Series A [C]. London: Royal Society Publishing, 1954.

[7] COTTRELL A H. Theory of brittle fracture in steel and similar metals [J]. Transactions of Metals Society. 1958, 212: 192 – 203.

[8] 范天佑. 断裂理论基础 [M]. 北京: 科学出版社, 2003.

[9] ARMSTRONG R W. Cleavage crack propagation within crystals by the Griffith mechanism versus a dislocation mechanism [J]. Materials Science and Engineering, 1966, 1 (4): 251 – 256.

[10] KELLY A, TYSON W R, COTTRELL A H [J]. Philosophical Magazine, 1967, 15: 567 – 581.

[11] RICE J R, THOMSON R. Ductile versus brittle behavior of crystals [J]. Philosophical Magazine A, 1974, 29 (1): 73 – 97.

[12] RICE J R. Dislocation nucleation from a crack tip: an analysis based on peierls concept [J]. Journal of the Mechanice and Physics of Solids, 1992, 40 (2): 239 – 271.

[13] 李尧臣, 王自强. 平面应变 I 型非线性裂纹问题的高阶渐近解 [J]. 中国科学: A 辑, 1986, (2): 182 – 194.

[14] SHARMA S M, ARAVAS N. Determination of higher – order terms in asymptotic elastoplastie crack tip solutions [J]. Journal of the Mechanice and Physics of Solids, 1991, 39 (8): 1043 – 1072.

[15] O'DOWD N P, SHIH C F. Family of crack – tip fields characterized by a triaxiality parameter – Ⅰ structure of fields [J]. Journal of the Mechanics and Physics of Solids, 1991, 39 (8): 989 – 1015.

[16] O'DOWD N P, FONG S C, DODDS R H. The role of geometry and crack growth on constraint and implications for ductile/brittle fracture [J]. ASTM Special Technical Publication, 1995 (1244): 134 – 159.

[17] WEI Y G, WANG Z Q. Fracture criterion based on the higher – order asymptotic fields [J]. International journal of fracture, 1985, 73 (1): 39 – 50.

[18] KIRK M T, KOPPENHOEFER K C, SHIH C F. Effect of constraint on specimen dimensions needed to obtain structurally relevant toughness measures [J]. Constraint Effects in Fracture, 1993 (1171): 79 – 103.

[19] ZHU T, YANG W, GUO T. Quasi – cleavage processes driven by dislocation pileups [J]. Acta Materialia, 1996, 44 (8): 3049 – 3058.

[20] HAUCH J A, HOLLAND D, SWINNEY H L. Dynamic fracture in single crystal silicon [J]. Physical Review Letters, 2000, 82 (19): 3823 – 3826.

[21] CRAMER T, WANNER A, GUMBSCH P. Energy dissipation and path instabilities in dynamic fracture of silicon single crystals [J]. Physical Review Letters, 2000, 85 (4): 788 – 791.

[22] 高克玮, 陈奇志, 褚武扬, 等. 纳米级解理微裂纹的形核与扩展 [J]. 中国科学: A 辑, 1994, 24 (9): 993 – 1000.

[23] 李晓冬, 王燕斌, 褚武扬, 等. 裂尖前方纳米尺度的微结构及原子象研究 [J]. 中国科学: E 辑, 1998 (1): 6 – 11.

[24] KINAEV N N, COUSENS D R, ATRENS A. The crack tip strain field of AISI 4340: Part Ⅰ measurement technique [J]. Journal of Materials Science, 1999, 34 (20): 4909 – 4920.

[25] KINAEV N N, COUSENS D R, ATRENS A. The crack tip strain field of AISI 4340: Part II experimental measurements [J]. Journal of Materials Science, 1999, 34 (20): 4921 – 4929.

[26] KINAEV N N, COUSENS D R, ATRENS A. The crack tip strain field of AISI 4340: Part III hydrogen influence [J]. Journal of Materials Science, 1999, 34 (20): 4931 – 4936.

[27] HIGASHIDA K, KAWAMURA T, MORIKAWA T, et al. HVEM observation of crack tip dislocations in silicon crystals [J]. Materials Science and Engineering A 2001 (319): 683 – 686.

[28] SUPRIJADI M T, ARAI S, SAKA H. On the dislocation mechanism of amorphization of Si by indentation [J]. Philosophical Magazine Letters, 2002, 82 (3): 133 – 139.

[29] BAILEY N P, SETHNA J P. Macroscopic measure of the cohesive length scale: Fracture of notched single – crystal silicon [J]. Physical Review B, 2003, 68 (20): 205204.

[30] GAN Y, LI J X, CHU W Y, et al. Atomic image of indentation crack tip during stress corrosion cracking of mica in moist air [J]. Scripta Materialia, 2007, 57 (5): 417 – 420.

[31] ZhAO C W, XING Y M. Nanoscale experimental study of a micro – crack in silicon [J]. Physica B, 2008, 403 (23 – 24): 4202 – 4204.

[32] HAHN G T. Atomic Structure and Mechanical Properties of Metals [M]. London: Chapman and Hall Ltd, 1976.

[33] MISEREZ A, ROSSOLL A, MORTENSEN A. Investigation of crack – tip plasticity in high volume fraction particulate metal matrix composites [J]. Engineering Fracture Mechanics, 2004, 71 (16 – 17): 2385 – 2406.

[34] PATTERSON E A, GUNGOR S. A photoelastic study of an angle crack specimen subject to mixed mode I – III displacements [J]. Engineering Fracture Mechanics, 1997, 56 (6): 767 – 778.

[35] EPSTEIN J S, LLOYD W R. Refined methods in photoelastic stress analysis with applications to fracture mechanics [J]. Optics and Lasers in Engineering, 1991, 14 (3): 185 –202.

[36] KOCIAN V, WEISS V. The use of photoelastic foils for stress and strain investigation of concretebeams [J]. Cement and Concrete Research, 1982, 12 (4): 497 –510.

[37] SHUKLA A, AGARWAL R K, NIGAM H. Dynamic fracture studies on 7075 – T6 aluminum and 4340steel using strain gages and photoelastic coatings [J]. Engineering Fracture Mechanics, 1988, 31 (3): 501 –515.

[38] WISSUCHEK D J, MACKIN T J, GRAEFMDE M, et al. A simple method for measuring surface strains around cracks [J]. Experimental Mechanics, 1996, 36 (2): 173 –179.

[39] AVRIL S, VAUTRIN A, SURREL Y. Grid method: Application to the characterization of cracks [J]. Experimental Mechanics, 2004, 44 (1): 37 –43.

[40] HEDAN S, VALLE V, COTTRON M. In plane displacement formulation for finite cracked plates under mode I Using Grid method and finite element analysis [J]. Experimental Mechanics, 2010, 50 (3): 401 –412.

[41] SCIAMMARELLA C A, COMBEL O. An elasto – plastic analysis of the crack tip field in a compact tension specimen [J]. Engineering Fracture Mechanics, 1996, 55 (2): 209 –222.

[42] TIPPUR H V, CHIANG E P. Analysis of combined moire and laser speckle grating methods used in 3 – D crack tip deformation measurements [J]. Applied Optics, 1991, 30 (19): 2748 –2756.

[43] KOCKELMANN H, KRÄGELOH E. Application of moiré methods in experimental fracture mechanics [J]. Nuclear Engineering and Design, 1982, 67 (2): 181 –190.

[44] TONG F C, GRAY T G F. Fatigue crack closure study based on whole – field

displacements [J]. International Journal of Fatigue, 1996, 18 (8): 593 −601.

[45] BASTAWROS A F, KIM K S. Experimental analysis of near − crack − tip plastic flow and deformation characteristics (I): Polycrystalline aluminum [J]. Journal of the Mechanice and Physics of Solids, 2000, 48 (1): 67 −98.

[46] NICOLETTO G. Moiré interferometric fringe patterns about crack tips: Experimental observations and numerical simulation [J]. Optics and Lasers in Engineering, 1990, 12 (2 −3): 135 −150.

[47] POON C Y, KUJAWINSKA M, RUIZ C. Strain measurements of composites using an automated moiré interferometry method [J]. Measurement, 1993, 12 (1): 45 −57.

[48] KANG B S J. Experimental investigation of ductile fracture by white light moiré interferometry [J]. Optics and Lasers in Engineering, 1990, 13 (2): 127 −153.

[49] CORDERO R R, FRANCOIS M, LIRA I, et al. Whole − field analysis of uniaxial tensile tests by Moiré interferometry [J]. Optics and Lasers in Engineering, 2005, 43 (9): 919 −936.

[50] KOKALY M T, LEE J, KOBAYASHI A S. Moiré interferometry for dynamic fracture study [J]. Optics and Lasers in Engineering, 2003, 40 (4): 231 −247.

[51] GRAY T G F, MACKENZIE P M. Fatigue crack closure investigation using Moiré interferometry [J]. International Journal of Fatigue, 1990, 12 (5): 417 − 423.

[52] RASTOGI P K, NAVI P, JIA W, et al. Holographic study of displacement fields and crack propagation in notched wood specimens subjected to wedge − splitting tests [J]. Engineering Fracture Mechanics, 1994, 48 (1): 69 −83.

[53] MONTEIRO J M, VAZ M A P, MELO F Q, et al. Use of interferometric techniques for measuring the displacement field in the plane of a part − through crack existing in a plate [J]. International Journal of Pressure Vessels and

Piping, 2001, 78 (4): 253 – 259.

[54] TAY T E, YAP C M, TAY C J. Crack tip and notch tip plastic zone size measurement by the laser speckle technique [J]. Engineering Fracture Mechanics, 1995, 52 (5): 879 – 885.

[55] HUNTLEY J M, FIELD J E. Measurement of crack tip displacement field using laser speckle photography [J]. Engineering Fracture Mechanics, 1988, 30 (6): 779 – 790.

[56] DU M L, CHIANG F P. The effect of static tensile strain on fatigue failure: An experimental study using laser speckles [J]. International Journal of Fatigue, 1998, 20 (5): 331 – 338.

[57] TAY C J, TAY T E, SHANG H M, et al. Crack initiation studies using a speckle technique [J]. International Journal of Fatigue, 1994, 16 (6): 423 – 428.

[58] EVANS W T, LUXMOORE A. Measurement of in – plane displacements around crack tips by a laser speckle method [J]. Engineering Fracture Mechanics, 1974, 6 (4): 735 – 736.

[59] HUNTLEY J M, BENCKERT L R. Measurement of dynamic crack tip displacement field by speckle photography and interferometry [J]. Optics and Lasers in Engineering, 1993, 19 (4 – 5): 299 – 312.

[60] HAMED M A. Displacement measuremets around crack tips by digital and conventional laser speckle [J]. KSME Journal, 1990, 4 (1): 86 – 91.

[61] LAGATTU F, BRILLAUD J, LAFARIE – FRENOT M C. High strain gradient measurements by using digital image correlation technique [J]. Materials. Characterization, 2004, 53 (1): 17 – 28.

[62] CHEN J L, ZHANG X C, ZHAN N, et al. Deformation measurement across crack using two – step extended digital image correlation method [J]. Optics and Lasers in Engineering, 2010, 48 (11): 1126 – 1131.

[63] PONCELET M, BARBIER G, RAKA B, et al. Biaxial high cycle fatigue of a type 304L stainless steel: Cyclic strains and crack initiation detection by digital

image correlation [J]. European Journal of Mechanics – A/Solids, 2010, 29 (5): 810 –825.

[64] FAGERHOLT E, BØRVIK T, HOPPERSTAD O S. Measuring discontinuous displacement fields in cracked specimens using digital image correlation with mesh adaptation and crack – path optimization [J]. Optics and Lasers in Engineering, 2013, 51 (3): 299 –310.

[65] REU P L, ROGILLIO B R, WELLMAN G W. Experimental Analysis of Nano and Engineering Materials and Structures [C]. Dordrecht Springer Netherlands, 2007.

[66] LÓPEZ – CRESPO P, BURGUETE R L, PATTERSON E A, et al. Study of a Crack at a Fastener Hole by Digital Image Correlation [J]. Experimental Mechanics, 2009, 49 (4): 551 –559.

[67] SHIH M H, SUNG W P. Application of digital image correlation method for analysing crack variation of reinforced concrete beams [J]. Sadhana, 2013, 38 (4): 723 –741.

[68] ZHANG J, XIONG C Y, LI H Y, et al. Damage and fracture evaluation of granular composite materials by digital image correlation method [J]. Acta Mechanica Sinica, 2004, 20 (4): 408 –417.

[69] PREUSS M, RAUCHS G, DOEL T J A, et al. Measurements of fibre bridging during fatigue crack growth in Ti/SiC fibre metal matrix composites [J]. Acta Materialia, 2003, 51 (4): 1045 –1057.

[70] CROFT M, ZHONG Z, JISRAWI N, et al. Strain profiling of fatigue crack overload effects using energy dispersive X – ray diffraction [J]. International Journal of Fatigue, 2005, 27 (10 –12): 1408 –1419.

[71] SMITH J, BASSIM M N, LIU C D, et al. Measurement of crack tip strains using neutron diffraction [J]. Engineering Fracture Mechanics, 1995, 52 (5): 843 –851.

[72] LEE O S, READ D T. Micro – strain distribution around a crack tip by electron beam moiré methods [J]. KSME Journal, 1995 9 (3): 298 –311.

［73］ KRISHNAMURTHY S, REIMANIS I E, BERGER J, et al. Fracture toughness measurement of chromium nitride films on brass ［J］. Journal of the American Ceramic Society, 2004, 87 (7): 1306 – 1313.

［74］ 姜海昌, 杜华, 谢惠民, 等. 扫描云纹干涉法研究多孔 NiTi 形状记忆合金的微观形变特性 ［J］. 金属学报, 2006, 42 (11): 1153 – 1157.

［75］ DAI F L, XING Y M. Nano – moiré method ［J］. Acta Mechanica Sinica, 1999, 15 (3): 283 – 288.

［76］ XING Y M, DAI F L, YANG W. Experimental study about nano – deformation field near quasi – cleavage crack tip ［J］. Science China Mathematics, 2000, 43 (9): 963 – 968.

［77］ XING Y M, YA M, DAI F L, et al. Proceedings of SPIE – Third International Conference on Experimental Mechanics ［C］. Bellingham: International Society Optical Engineering, 2002.

［78］ XING Y M, DAI F L, YANG W. Nano – moiré method and nanoscopic crack – tip deformation ［J］. Comprehensive Structural Integrity, 2003, 8: 383 – 412.

［79］ ZhAO C W, XING Y M, BAI P C, et al. Crack tip dislocation emission and nanoscale deformation fields in silicon ［J］. Applied physics A, 2011, 105 (1): 207 – 210.

［80］ ZHAO C W, XING Y M. Quantitative analysis of nanoscale deformation fields of a crack – tip in single – crystal silicon ［J］. Science China Mathematics. 2012, 55 (6): 1088 – 1092.

［81］ ZHAO C W, XING Y M. Nanoscale deformation analysis of a crack – tip in silicon by geometric phase analysis and numerical moiré method ［J］. Optics and Lasers in Engineering, 2010, 48 (11): 1104 – 1107.

［82］ ZHANG Y W, WANG T C, TANG Q H. The effect of thermal activation on dislocation processes at an atomistic crack tip ［J］. Journal of Physics D, 1995, 28 (4): 748 – 762.

[83] ZHU T, LI J, YIP S. Atomistic study of dislocation loop emission from a crack tip [J]. Physical Review Letters, 2004, 93 (2): 025503.

[84] BERNSTEIN N, HESS D W. Lattice Trapping Barriers to Brittle Fracture [J]. Physical Review Letters, 2003, 91 (2): 025501.

[85] SUN Y, CHEN Y L, LIU Y Z, et al. Molecular dynamics simulation of crack tip processes in ceria and gadolinia doped ceria [J]. Computational Materials Science, 2012, 51 (1): 181 – 193.

[86] YANG Z Y, ZHOU Y G, WANG T, et al. Crack propagation behaviors at Cu/SiC interface by molecular dynamics simulation [J]. Computational Materials Science, 2014, 82: 17 – 25.

[87] KUCHEROV L, TADMOR E B. Twin nucleation mechanisms at a crack tip in an hcp material: Molecular simulation [J]. Acta Materialia, 2007, 55 (6): 2065 – 2074.

[88] GUO Y F, WANG Y S, WU W P, et al. Atomistic simulation of martensitic phase transformation at the crack tip in B2 NiAl [J]. Acta Materialia, 2007, 55 (11): 3891 – 3897.

[89] GUO Y F, ZHAO D L. Atomistic simulation of structure evolution at a crack tip in bcc – iron [J]. Materials Science and Engineering A, 2007, 448 (1 – 2): 281 – 286.

[90] TANG T, KIM S, JORDON J B, et al. Atomistic simulations of fatigue crack growth and the associated fatigue crack tip stress evolution in magnesium single crystals [J]. Computational Materials Science, 2011, 50 (10): 2977 – 2986.

[91] TANGUY D, RAZAFINDRAZAKA M, DELAFOSSE D. Multiscale simulation of crack tip shielding by a dislocation [J]. Acta Materialia, 2008, 56 (11): 2441 – 2449.

[92] ZHANG Y Y, LIU X Y, MILLETT P C, et al. Crack tip plasticity in single crystal UO$_2$: Atomistic simulations [J]. Journal of Nuclear Materials, 2012, 430 (1 – 3): 96 – 105.

[93] SREERAMULU K, SHARMA P, NARASIMHAN R, et al. Numerical simulations of crack tip fields in polycrystalline plastic solids [J]. Engineering Fracture Mechanics, 2010, 77 (8): 1253 – 1274.

[94] GRAFF S, FOREST S, STRUDEL J L, et al. Finite element simulations of dynamic strain ageing effects at V – notches and crack tips [J]. Scripta Materialia, 2005, 52 (11): 1181 – 1186.

[95] WANG Z Y, MA L, WU L Z, et al. Numerical simulation of crack growth in brittle matrix of particle reinforced composites using the xfem technique [J]. Acta Mechanica Solida Sinica, 2012, 25 (1): 9 – 21.

[96] TAKAKUWA O, NISHIKAWA M, SOYAMA H. Numerical simulation of the effects of residual stress on the concentration of hydrogen around a crack tip [J]. Surface and Coatings Technology, 2012, 206 (11 – 12): 2892 – 2898.

[97] CHEN X, DENG X M, SUTTON M A. Simulation of stable tearing crack growth events using the cohesive zone model approach [J]. Engineering Fracture Mechanics, 2013, 99: 223 – 238.

[98] KIKUCHI M, WADA Y, SHINTAKU Y, et al. Fatigue crack growth simulation in heterogeneous material usings – version FEM [J]. International Journal of Fatigue, 2014, 58: 47 – 55.

[99] DRUGAN W J. Asymptotic solutions for tensile crack tip feldswithout kink – type shear bands in elastic – ideally plastic single crystals [J]. Journal of the Mechanics and Physics of Solids, 2001, 49 (9): 2155 – 2176.

[100] KUBAIR D V. Analysis and finite element simulations of the near – tip singular fields around a mode – 3 stationary crack in plastically graded materials [J]. International Journal of Solids and Structures, 2011, 48 (3 – 4): 428 – 440.

[101] STOYCHEV S, KUJAWSKI D. Crack – tip stresses and their effect on stress intensity factor for crack propagation [J]. Engineering Fracture Mechanics, 2008, 75 (8): 2469 – 2479.

[102] SWADENER J G, BASKES M I, NASTASI M. Molecular dynamics simulation

of brittle fracture in silicon ［J］. Physical Review Letters, 2002, 89 (8): 085503.

［103］ BUEHLER M J, ABRAHAM F F, GAO H. Hyper elasticity governs dynamic fracture at a critical length scale ［J］. Nature, 2003, 426 (6963): 141 – 146.

［104］ BUEHLER M J, GAO H. Dynamical fracture instabilities due to local hyperelasticity at crack tips ［J］. Nature, 2006, 439 (7074): 307 – 310.

［105］ GUO Y F, WANG Y S, ZHAO D L. Atomistic simulation of stress – induced phase transformation and recrystallization at the crack tip in bcc iron ［J］. Acta Materialia, 2007, 55 (1): 401 – 407.

［106］ WU W P, YAO Z Z. Molecular dynamics simulation of stress distribution and microstructure evolution ahead of a growing crack in single crystal nickel ［J］. Theoretical and Applied Fracture Mechanics, 2012, 62: 67 – 75.

［107］ HUNNELL J M, KUJAWSKI D. Numerical simulation of fatigue crack growth behavior by crack – tip blunting ［J］. Engineering Fracture Mechanics, 2009, 76 (13): 2056 – 2064.

［108］ 沙江波, 邓增杰, 周惠久. Ⅰ + Ⅱ载荷下 Al 单晶裂纹尖端的形变和损伤行为的 SEM 原位分析 ［J］. 材料研究学报, 1997, 2 (1): 25 – 30.

［109］ 崔建国, 傅永辉, 李年, 等. 原位观察 1240Al – Li 合金疲劳裂纹的 "自抑制" ［J］. 金属学报, 1999, 35 (9): 951 – 954.

［110］ 温永红, 唐荻, 武会宾, 等. B 级船板钢形变断裂过程的原位研究 ［J］. 钢铁研究学报, 2009, 21 (5): 31 – 35.

［111］ 王习术, 梁锋, 曾燕屏, 等. 夹杂物对超高强度钢低周疲劳裂纹萌生及扩展影响的原位观测 ［J］. 金属学报, 2005, 41 (12): 1272 – 1276.

［112］ 陈忠伟, 张海方, 雷毅敏, 等. 工业铸造 A357 铝合金 SEM 原位拉伸实验 ［J］. 稀有金属材料与工程, 2011, 40 (S2): 127 – 131.

［113］ MOTZ C, PIPPAN R. Fracture behaviour and fracture toughness of ductile closed cell metallic foams ［J］. Acta Materialia, 2002, 50 (8): 2013 – 2033.

［114］ ZHANG J Z, ZHANG J Z, MENG Z X. Direct high resolution in situ SEM observations of very small fatigue crack growth in the ultra – fine grain aluminium alloy IN 9052 [J]. Scripta Materialia, 2004, 50 (6): 825 – 828.

[115] MEILLE S, SAÂDAOUI M, REYNAUD P, et al. Mechanisms of crack propagation in dry plaster [J]. Journal of the EuroPean Ceramic Society, 2003, 23 (16): 3105 – 3112.

[116] LI B S, SHANG J L, GUO J J, et al. In situ observation of fracture behavior of in situ TiBw/Ti composites [J]. Materials Science and Engineering A, 2004, 383 (2): 316 – 322.

[117] ANDERSSON H, PERSSON C. In – situ SEM study of fatigue crack growth behaviour in IN718 [J]. International Journal of Fatigue, 2004, 26 (3): 211 – 219.

[118] ZHANG W, LIU Y M. Investigation of incremental fatigue crack growth mechanisms using in situ SEM testing [J]. International Journal of Fatigue, 2012, 42 (4): 14 – 23.

[119] CHEN Y F, ZHENG S Q, TU J P, et al. Fracture characteristics of notched investment cast TiAl alloy through in situ SEM observation [J]. Transactions of Nonferrous Metals Society of China. 2012, 22 (10): 2389 – 2394.

[120] WANG X S, LIANG F, FAN J H, et al. Low – cycle fatigue small crack initiation and propagation behaviour of cast magnesium alloys based on in – situ SEM observations [J]. Philosophical Magazine, 2006, 86 (11): 1581 – 1596.

[121] CHA G J, LI J G, XIONG S M, et al. Fracture behaviors of A390 aluminum cylinder liner alloys under static loading [J]. Journal of Alloys and Compounds, 2013, 550 (12): 370 – 379.

[122] ZHANG J Z, HE X D, TANG H, et al. Direct high resolution in situ SEM observations of small fatigue crack opening profiles in the ultra – fine grain aluminium alloy [J]. Materials Science and Engineering A, 2008, 485 (1 – 2): 115 – 118.

[123] SUN Y F, PANG J H L. Experimental and numerical investigations of

near-crack-tip deformation in a solder alloy [J]. Acta Materialia, 2008, 56 (3): 537 –548.

[124] JIN H, HALDAR S, BRUCK H A, et al. Grid method for microscale discontinuous deformation measurement [J]. Experimental Mechanics, 2011, 51 (4): 565 –574.

[125] CARROLL J D, ABUZAID W, LAMBROS J, et al. High resolution digital image correlation measurements of strain accumulation in fatigue crack growth [J]. International Journal of Fatigue, 2013, 57: 140 –150.

[126] WELLER R, SHEPHERD B M. Proceedings of the SESA [C]. New York: Society for Experimental, Stress Analysis, 1948.

[127] POST D, HAN B, IFJU P. High sensitivity moiré [M]. New York: Springer – Verlag, 1994.

[128] DAI F L, MCKELVIE J, POST D. An interpretation of moiré interferometry from wave front interference theory [J]. Optics and Lasers in Engineering, 1989, 12 (2) 101 –118.

[129] DAI F L, SHI L, WEN X M. Thermal deformation measurement and stress analysis of FQFP assembly during power cycling [J]. Tsinghua Science and Technology, 1998, 3 (2): 971 –977.

[130] BOWLES D E, POST D. Moiré interferometry for thermal expansion of composites [J]. Experimental Mechanics, 1981, 21 (12): 441 –447.

[131] GUO Y, CHEN W T, LIN C K. Proceedings of joint ASME/JSME conference on electronic packaging [C]. New York: American Society of Mechanical Engineers, 1992.

[132] POST D. Moiré interferometry for damage analysis of composites [J]. Experimental. Techniques, 1983, 7 (7): 17 –20.

[133] HAN B. Higher sensitivity moiré interferometry for micromechanics studies [J]. Optical Engineering, 1992, 31 (7): 1517 –1526.

[134] XING Y M, YUN H, DAI F L. An experimental study of failure mechanisms in

laminates with dropped plies [J]. Composites Science and Technology, 1999, 59 (10): 1527 – 1531.

[135] ZHAO C W, XING Y M. An Experimental Study of Dropped Ply Region in Composite [J]. Key Engineering Materials, 2006, 326 – 328: 1769 – 1772.

[136] MILLER A J. Proceedings of the Soliety for Experimental. Stress Analysis [C]. New York: American Association for the Advancement of Science, 1952.

[137] PARKS V J. The grid method [J]. Experimental Mechanics, 1969, 9 (7): 27 – 33.

[138] PARKS V J. Strain measurement using grid methods [J]. Optical Engineering, 1982, 21 (4): 633 – 639.

[139] COX J A. Point – source location using hexagonal detector arrays [J]. Optical Engineering, 1987, 26 (1): 69 – 77.

[140] FAIL W F, TAYLOR C E. Application of pattern mapping to plane motion [J]. Experimental Mechanics, 1990, 30 (4): 404 – 410.

[141] SIRKIS J S, TAYLOR C E. Displacement pattern matching and boundary – element methods for elastic – plastic stress analysis [J]. Experimental Mechanics, 1990, 30 (1): 26 – 33.

[142] SIRKIS J S. System response to automated grid method [J]. Optical Engineering, 1990, 29 (12): 1485 – 1493.

[143] SEVENHUIJSEN P J. The photonical pure grid method [J]. Optics and Lasers in Engineering, 1993, 18 (3): 173 – 194.

[144] ANDERSEN K. Strain tensor for large three – dimensional surface deformation of sheet metal from an object grating [J]. Experimental Mechanics, 1988, 39 (1): 30 – 35.

[145] GOLDREIN H T, PALMER S J P, HUNTLEY M J. Automated fine grid technique for measurement of large – strain deformation maps [J]. Optics and Lasers in Engineering, 1995, 23 (5): 305 – 318.

[146] 谢惠民, 戴福隆, 王欢, 等. 纳米级变形的扫描隧道显微镜测量研究

[J]. 力学学报, 1997, 29 (3): 332 – 335.

[147] YAMAGUCHI I. Speckle displacement and decorrelation in the diffraction and image fields for small object deformation [J]. Optica Acta International Journal of Optics, 1981, 28 (10): 1359 – 1376.

[148] PETERS, RANSON W F. Digital imaging techniques in experimental mechanics [J]. Optical Engineering, 1982, 21 (3): 427 – 431.

[149] PETRA A, ROLAND H, KARLA H. Proceedings of SPIE [C]. Bellingham: International Society optical Engineering, 1999.

[150] LI X D, SOH S K, DENG B, et al. High – precision large deflection measurements of thin films using time sequence speckle pattern interferometry [J]. Measurement Science and Technology, 2002, 13 (8): 1304 – 1310.

[151] JIN G C, WU Z, BAO N K. Digital speckle correlation method with compensation technique for strain field measurement [J]. Optics and Lasers in Engineering, 2003, 39 (4): 457 – 464.

[152] YU Q F, YANG X, FU S H. Two improved algorithms with which to obtain contoured windows for fringe patterns generated by electronic speckle pattern interferometry [J]. Applied Optics, 2005, 44 (33): 7050 – 7054.

[153] HE X Y, JIANG M. Proceedings of SPIE [C]. Bellingham: International Society Optical Engineering, 2005.

[154] AGRAWAL C P. Full – field deformation measurements in wood using digital image processing [D]. Blacksburg: Virginia Polytechnic Institute and State University, 1989.

[155] ZINK A G, DAVIDSON R W, HANNA R B. Effects of composite structure on strain and failure of laminar and wafer composites [J]. Composite Materials and Structures, 1997, 4 (4): 345 – 352.

[156] CHAO Y J, LUO P F, KALTHOFF J F. An experimental study of the deformation fields around a propagation crack Tip [J]. Experimental Mechanics, 1998, 38 (2): 79 – 85.

［157］LUO P F, LIU S S. Measurement of curved surface by stereo vision and error analysis［J］. Optics and Lasers in Engineering, 1998, 30（6）: 471 - 486.

［158］CHEVALIER L, CALLOCH S, HILD F, et al. Digital image correlation used to analyze the multiaxial behavior of rubber - like materials［J］. European Journal of Mechanics A/Solids, 2001, 20（2）: 169 - 187.

［159］YAMAGUCHI I, KOBAYASHI K, YAROSLAVSKY L. Measurement of surface roughness by speckle correlation［J］. Optical Engineering, 2004, 43（11）: 2753 - 2761.

［160］XING Y M, TANAKA Y, KISHIMOTO S. Determining interfacial thermal residual stress in SiC/Ti - 15 - 3 composites［J］. Scripta materialia, 2003, 48（6）: 701 - 706.

［161］BIERWOLF R, HOHENSTEIN M, PHILLIPP F, et al. Direct measurement of local lattice - distortions in strained layer structures by HREM［J］. Ultramicroscopy, 1993, 49（1 - 4）: 273 - 285.

［162］HŸTCH M J, PUTAUX J L, PÉNISSON J M. Measurement of the displacement field of dislocations to 0. 03 Å by electron microscopy［J］. Nature, 2003, 423: 270 - 273.

［163］ZGHAL S, HŸTCH M J, CHEVALIER J P, et al. Electron microscopy nanoscale characterization of ball - milled Cu - Ag powders. Part I: Solid solution synthesized by cryo - milling［J］. Acta Materialia, 2002, 50（19）: 4695 - 4709.

［164］KISHIMOTO S, EGASHIRA M, SHINYA N, et al. Proceedings of the 6th International Conference on Mechanical Behavior of Materials［C］. Amsterdam: Elsevier, 1991.

［165］DALLY J W, READ D T. Electron beam moiré［J］. Experimental Mechanics, 1993, 33（4）: 270 - 277.

［166］READ D T, DALLY J W. Electron beam moire study of fracture of a glass fiber reinforced plastic composite［J］. Journal of Applied Mechanics, 1994, 61

(2): 402 – 409.

[167] XING Y M, KISHIMOTO S, SHINYA N. Multiscanning method for fabricating electron moiré grating [J]. Experimental Mechanics, 2004, 44 (6): 562 – 566.

[168] ROSENAUER A, KAISER S, REISINGER T. Digital analysis of high resolution transmission electron microscopy lattice images [J]. Optik, 1996, 102 (2): 63 – 69.

[169] GALINDO P L, KRET S, SANCHEZ A M, et al. The Peak Pairs algorithm for strain mapping from HRTEM images [J]. Ultramicroscopy, 2007, 107 (12): 1186 – 1193.

[170] SALES D L, PIZARRO J, GALINDO P L, et al. Critical strain region evaluation of self – assembled semiconductor quantum dots [J]. Nanotechnology, 2007, 18 (47): 17646 – 17652.

[171] LARSSON M W, WAGNER J B, WALLIN M, et al. Strain mapping in free – standing heterostructured wurtzite InAs/InP nanowires [J]. Nanotechnology, 2007, 18 (1): 98 – 100.

[172] GALINDO P, PIZARRO J, MOLINA S, et al. High resolution peak measurement and strain mapping using peak pairs analysis [J]. Microscopy and Analysis, 2009, 23 (2): 23 – 25.

[173] HŸTCH M J, SNOECK E, KILAAS R. Quantitative measurement of displacement and strain fields from HREM micrographs [J]. Ultramicroscopy, 1998, 74 (3): 131 – 146.

[174] KRET S, RUTERANA P, ROSENAUER A, et al. Extracting quantitative information from high resolution electron microscopy [J]. Physica Status Solidi B, 2001, 227 (1): 247 – 295.

[175] HŸTCH M J, PLAMANN T. Imaging conditions for reliable measurement of displacement and strain in high – resolution electron microscopy [J]. Ultramicroscopy, 2001, 87 (4): 199 – 212.

［176］ ROUVIÈRE J L, SARIGIANNIDOU E. Theoretical discussions on the geometrical phase analysis ［J］. Ultramicroscopy, 2005, 106 (1): 1 – 17.

［177］ LIU Q L, ZHAO C W, SU S J, et al. Strain field mapping of dislocations in a Ge/Si heterostructure ［J］. PloS One, 2013, 8 (4): e62672.

［178］ SNOECK E, WAROT B, ARDHUIN H, et al. Quantitative analysis of strain field in thin films from HRTEM micrographs ［J］. Thin Solid Films, 1998, 319 (1 – 2): 157 – 162.

［179］ KRET S, DLUZEWSKI P, SOBCZAK E. Measurement of dislocation core distribution by digital processing of high – resolution transmission electron microscopy micrographs: a new technique for studying defects ［J］. Journal of Physics Condensed Matter, 2000, 12 (49): 10313 – 10318.

［180］ TILLMANN K, HOUBEN L, THUST A. Atomic – resolution imaging of lattice imperfections in semiconductors by combined aberration – corrected HRTEM and exit – plane wave function retrieval ［J］. Philosophical Magazine, 2006, 86 (29 – 31): 4589 – 4606.

［181］ SARIGIANNIDOU E, MONROY E, DAUDIN E, et al. Strain distribution in GaN/AlN quantum – dot superlattices ［J］. Applied Physics Letters, 2005, 87 (20): 15851.

［182］ JOHNSON C L, SNOECK E, EZCURDIA M, et al. Effects of elastic anisotropy on strain distributions in decahedral gold nanoparticles ［J］. Nature Materials, 2008, 7 (2): 120 – 124.

［183］ LIU Z W, XIE H M, FANG D N, et al. Residual strain around a step edge of artificial Al/Si (111) – 7 × 7 nanocluster ［J］. Applied Physics Letters, 2005, 87 (20): 451.

［184］ ZHAO C W, XING Y M, ZHOU C E, et al. Experimental examination of displacement and strain fields in an edge dislocation core ［J］. Acta Materialia. 2008, 56 (11): 2570 – 2575.

［185］ ZHAO C W, XING Y M, BAI P C. Quantitative measurement of displacement and strain by the numerical moiré method [J]. Chinese Optics Letters, 2008, 6 (3): 179 – 182.

[186] XIE H M, KISHIMOTO S, ASUNDI A, et al. In – plane deformation measurement using the atomic force microscope moiré method [J]. Nanotechnology, 2000, 11 (1): 24 – 29.

[187] XIE H M, LIU Z W, FANG D N, et al. A study on the digital nano – moiré method and its phase shifting technique [J]. Measurement Science Technology, 2004, 15 (9): 1716 – 1721.

[188] LIU Z W, XIE H M, FANG D N, et al. A novel nano – moirémethod with scanning tunneling microscope (STM) [J]. Journal of Materials Processing Tech, 2004, 148 (1): 77 – 82.

[189] GUO H M, LIU H M, WANG Y L, et al. Nanometre moire fringes in scanning tunnelling microscopy of surface lattices [J]. Nanotechnology, 2004, 15 (8): 991 – 995.

[190] LIU C W, CHEN L W, WANG C C. Nanoscale displacement measurement by a digital nano – moiré method with wavelet transformation [J]. Nanotechnology, 2006, 17 (17): 4359 – 4366.

[191] GRIFFITH A. The phenomena of rupture and flow in solids [J]. Philosophical Transactions of the Royal Society A, 1921, 221 (2): 163 – 198.

[192] GRIFFITH A. Proceedings of the First International Congress for Applied Mechanics [C]. Delft: Technical Bockhandel and Printing, 1924.

[193] 匡震邦, 马法尚. 裂纹端部场 [M]. 西安: 西安交通大学出版社, 2001.

[194] 郦正能. 应用断裂力学 [M]. 北京: 北京航空航天大学出版社, 2003.

[195] IRWIN G R. American Society for Metals Symposium on Fracturing of Metals [C]. Cleveland: American Society for Metals, 1948.

[196] OROWAN E. Fracture and strength of solids [J]. Reports on Progress in Physics, 1949, 12 (1): 185 – 232.

[197] IRWIN G R. Analysis of stresses and strains near the end of a crack traversing a

plate [J]. Journal of Applied Mechanics, 1957, 24: 361 – 364.

[198] 程靳, 赵树山. 断裂力学 [M]. 北京: 科学出版社, 2006.

[199] 黄克智, 余寿文. 弹塑性断裂力学 [M]. 北京: 清华大学出版社, 1985.

[200] RICE J R. A path independent integral and the approximate analysis of strain concentration by notches and cracks [J]. Journal of Applied Mechanics, 1968, 35 (2): 379 – 386.

[201] HUTCHINSON J W. Singular behaviour at the end of a tensile crack in a hardening material [J]. Journal of the Mechanics and Physics of Solids, 1968, 16 (1): 13 – 31.

[202] Rice J R, ROSENGREN G F. Plane strain deformation near a crack tip in a power – law hardening material [J]. Journal of the Mechanics and Physics of Solids, 1968, 16 (1): 1 – 12.

[203] WELLS A A. Proceedings of the Crack Propagation Symposium [C]. Cranfield: College of Aeronautics, 1961.

[204] COTTRELL A H. Theoretical aspects of radiation damage and brittle fracture in steel pressure vessels [J]. Ing Nucleare, 1962, 4: 281 – 296.

[205] 王自强, 陈少华. 高等断裂力学 [M]. 北京: 科学出版社, 2003.

[206] MOTT N F. Fracture of metals, some theoretical considerations [J]. Engineering, 1948, 165: 16 – 18.

[207] YOFFE E H. The moving griffith crack [J]. Philosophical Magazine, 1951, 42 (330): 739 – 750.

[208] 劳恩. 脆性固体断裂力学 [M]. 2 版. 龚江宏, 译. 北京: 高等教育出版社, 2010.

[209] 杨卫. 宏微观断裂力学 [M]. 北京: 国防工业出版社, 1995.

[210] 郭素枝. 扫描电镜技术及其应用 [M]. 厦门: 厦门大学出版社, 2006.

[211] 章晓中. 电子显微分析 [M]. 北京: 清华大学出版社, 2006.

[212] 张大同. 扫描电镜与能谱仪分析技术 [M]. 广州: 华南理工大学出版社, 2009.

[213] HIRSCH P B, HOWIE A, WHELAN M J. A kinematical theory of diffraction contrast of electron transmission microscope images of dislocations and other defects [J]. Philosophical Transactions of the Royal Society A, 1960, 252 (1017): 499 – 527.

[214] WANG Q H, XIE H W, LIU Z W. Residual stress assessment of interconnects by slot milling with FIB and geometric phase analysis [J]. Optics and Lasers in Engineering, 2010, 48 (11): 1113 – 1118.

[215] FUKUDA Y, KOHAMA Y. High quality heteroepitaxial Ge growth on (100) Si by MBE [J]. Journal of Crystal Growth, 1987, 81 (1): 451 – 457.

[216] 金观昌. 计算机辅助光学测量 [M]. 北京: 清华大学出版社, 2007.

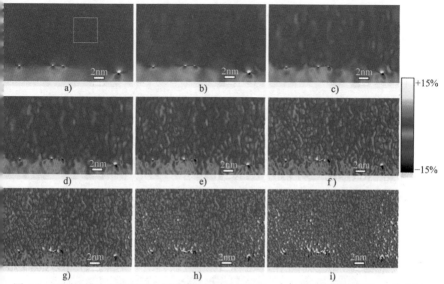

图 4-2　不同掩模大小情况下几何相位分析方法测定的 Ge/Si 异质结构界面的 ε_{xx} 应变场
　　a）掩模半径为 0.1g　　　　　　b）掩模半径为 0.2g　　　　　　c）掩模半径为 0.3g
　　d）掩模半径为 0.4g　　　　　　e）掩模半径为 0.5g　　　　　　f）掩模半径为 0.6g
　　g）掩模半径为 0.7g　　　　　　h）掩模半径为 0.8g　　　　　　i）掩模半径为 0.9g

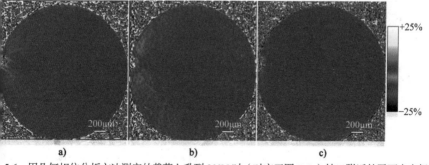

图 5-5　用几何相位分析方法测定的载荷上升到 150N 时（对应于图 5-4b）缺口附近的平面应变场
　　　a）ε_{yy} 应变场　　b）ε_{xx} 应变场　　c）ε_{xy} 应变场

5-6　用几何相位分析方法测定的载荷上升到 200N 时（对应于图 5-4c）缺口附近的平面应变场
　　　a）ε_{yy} 应变场　　b）ε_{xx} 应变场　　c）ε_{xy} 应变场

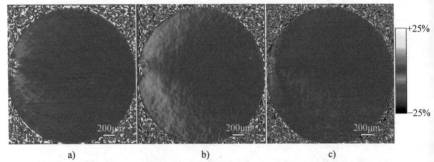

图 5-7　用几何相位分析方法测定的裂纹萌生时（对应于图 5-4d）裂纹尖端附近的平面应变场
a）ε_{yy} 应变场　b）ε_{xx} 应变场　c）ε_{xy} 应变场

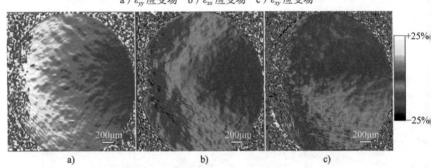

图 5-8　用几何相位分析方法测定的最大载荷为 420N 时（对应于图 5-4f）
裂纹尖端附近的平面应变场
a）ε_{yy} 应变场　b）ε_{xx} 应变场　c）ε_{xy} 应变场

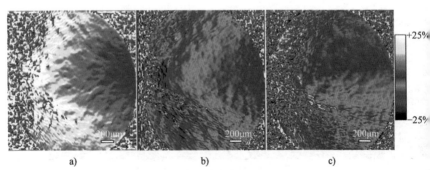

图 5-9　用几何相位分析方法测定的载荷下降到 390N 时（对应于图 5-4g）裂纹尖端附近的平面应变场
a）ε_{yy} 应变场　b）ε_{xx} 应变场　c）ε_{xy} 应变场

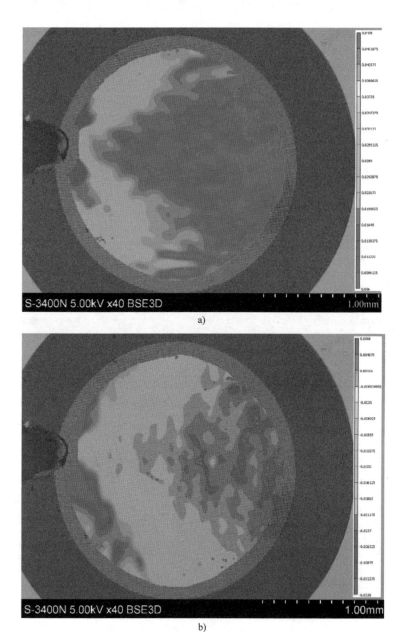

图 5-10　用数字图像相关方法测定的裂纹萌生时（对应于图 5-4d）裂纹
尖端附近的平面应变场
a）ε_{yy} 应变场　b）ε_{xx} 应变场

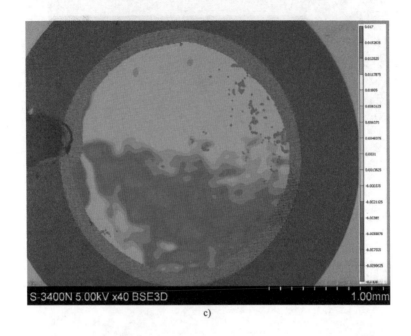

S-3400N 5.00kV x40 BSE3D   1.00mm

c)

图 5 -10　用数字图像相关方法测定的裂纹萌生时（对应于图 5-4d）裂纹
尖端附近的平面应变场（续）
c）ε_{xy} 应变场

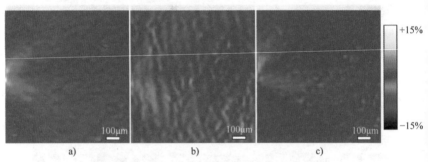

+15%

-15%

100μm   100μm   100μm

a)   b)   c)

图 6-5　图 6-4b 中矩形框区域的实验应变场
a）实验 ε_{yy} 应变场　　b）实验 ε_{xx} 应变场　　c）实验 ε_{xy} 应变场

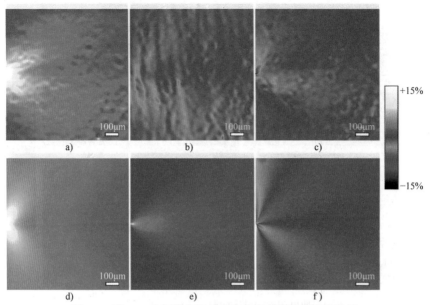

图 6-6　图 6-4c 中矩形框区域的实验应变场和理论应变场
a）实验 ε_{yy} 应变场　b）实验 ε_{xx} 应变场　c）实验 ε_{xy} 应变场
d）理论 ε_{yy} 应变场　e）理论 ε_{xx} 应变场　f）理论 ε_{xy} 应变场

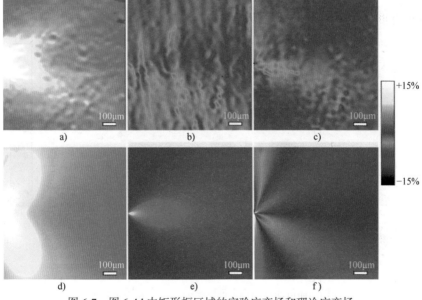

图 6-7　图 6-4d 中矩形框区域的实验应变场和理论应变场
a）实验 ε_{yy} 应变场　b）实验 ε_{xx} 应变场　c）实验 ε_{xy} 应变场
d）理论 ε_{yy} 应变场　e）理论 ε_{xx} 应变场　f）理论 ε_{xy} 应变场

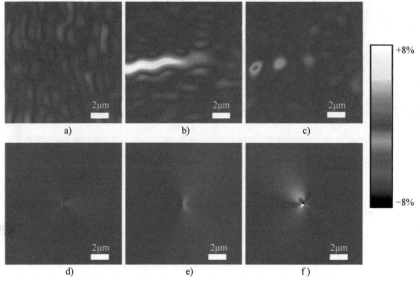

图 7-4　图 7-3a 中方框区域的实验应变场和理论应变场
a）实验 ε_{xx} 应变场　b）实验 ε_{yy} 应变场　c）实验 ε_{xy} 应变场
d）理论 ε_{xx} 应变场　e）理论 ε_{yy} 应变场　f）理论 ε_{xy} 应变场

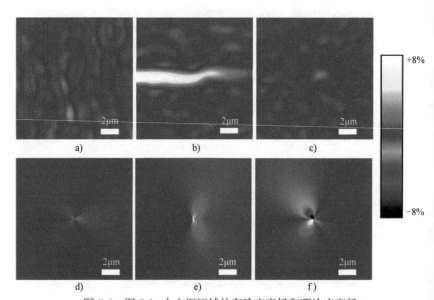

图 7-5　图 7-3c 中方框区域的实验应变场和理论应变场
a）实验 ε_{xx} 应变场　b）实验 ε_{yy} 应变场　c）实验 ε_{xy} 应变场
d）理论 ε_{xx} 应变场　e）理论 ε_{yy} 应变场　f）理论 ε_{xy} 应变场